Rainer Köthe

# 120 populäre Irrtümer über Sonne, Mond und Sterne

Rainer Köthe

# 120 populäre Irrtümer über Sonne, Mond und Sterne

*Von funkelnden Fixsternen, kleinen grünen Männchen und dem unendlichen Universum*

Cartoons von Friedrich Werth

KOSMOS

# INHALT

A

# Es gibt einen **ABEND**- und einen Morgenstern.

Das glaubten jedenfalls einst die Griechen und nannten das zu manchen Zeiten des Jahres abendlich hell strahlende Gestirn „Hesperos" (griechisch „Abend"). Dem glänzenden Pendant, das zu anderen Zeiten am Morgenhimmel den Sonnenaufgang ankündigte, gaben sie den Namen „Phosphoros" (Lichtträger). Dass es sich in beiden Fällen um denselben Himmelskörper handelte, nämlich den Planeten Venus, behauptete erst um 520 v. Chr. der Philosoph Pythagoras.

„Schnellmerker" waren die Griechen offenbar nicht, denn die mathematisch und astronomisch sehr beschlagenen Babylonier hatten schon über tausend Jahre früher den gleichen Geistesblitz gehabt. Es ist sogar wahrscheinlich, dass Pythagoras sein Wissen aus babylonischen Quellen bezog.
Den Grund für den Sichtbarkeitswechsel der Venus lieferte aber erst das kopernikanische Weltbild, bei dem die Planeten die Sonne umkreisen: Venus läuft auf einer sonnennäheren Bahn als die Erde. Wir sehen sie daher manchmal rechts von der Sonne als Morgenstern, manchmal links von der Sonne als Abendstern – und manchmal gar nicht, wenn sie dem Sonnenball zu nahe steht.

# Die meisten Sterne stehen ALLEIN im All

Ganz im Gegenteil: Einzelgänger wie unsere Sonne sind mit weniger als 50 Prozent die Minderheit im Sternenreich. Häufiger trifft man Sternpaare oder -tripel, sogar Sechsfach-Sternsysteme sind bekannt. An sich ist das auch kein Wunder, denn Sterne entstehen gruppenweise in gewaltigen Staubwolken, die bis zu einer Million Sonnenmassen enthalten. In diesen Sternenwiegen, von denen unsere Milchstraße über 4000 aufweist, kommt es natürlich oft vor, dass mehrere junge Sterne so nah beieinander entstehen, dass sie auch im späteren „Leben“ beisammen bleiben.

Neben den echten Sternsystemen, bei denen sich die Partner umkreisen, gibt es aber auch „optische Mehrfachsterne“ – hier stehen die Sterne nur von der Erde aus gesehen in einer Sichtlinie, haben aber sonst nichts miteinander zu tun. Ein berühmtes Beispiel dafür ist das „Reiterlein“ Alkor über dem mittleren Deichselstern Mizar des Großen Wagens. Dieses Sternpaar gehört zu den optischen Dop-

pelsternen. Mizar allerdings besitzt tatsächlich einen – jedoch nur in einem Teleskop sichtbaren – echten Begleiter.

## Seit dem Urknall wird die Ausdehnung des ALLS immer langsamer

Seit man weiß, dass das Universum mit einem „Urknall“ begann und sich seither ausdehnt, denkt man über sein weiteres Schicksal nach. Wird es sich mit gleichmäßigem Tempo weiter ausdehnen, während die Sterne nach und nach allen Brennstoff verbrauchen und es in Abertrilliarden von Jahren im Weltraum kalt und dunkel wird? Oder wird sich der Schwung des „Urknalls“ nach und nach abschwächen, die Anziehungskräfte der Massen im All Überhand gewinnen und es wieder in sich zusammenstürzen lassen? Diese Hypothese hatte bis vor einigen Jahren zahlreiche Anhänger.

Doch 1998 fanden zwei Forscherteams Anzeichen dafür, dass das Ausdehnungstempo des Universums zwar anfangs abnahm, sich seit einigen Jahrmilliarden aber sogar noch beschleunigt. Die Redaktion des Wissenschaftsmagazins „Science“ bezeichnete diese Entdeckung als „Durchbruch des Jahres“. Als Ursache der Beschleunigung vermutet man eine „Dunkle Energie“, eine Art negativer Schwerkraftwirkung, deren Natur noch völlig unbekannt ist.

Die Zukunft des Universums ist nach dieser Entdeckung rätselhafter denn je. Und die Frage, die der Filmemacher Woody Allen in diesem Zusammenhang aufwarf, ist nur eine von vielen: „Wenn sich das Universum ständig ausdehnt – wieso findet man dann immer schwerer einen Parkplatz?“

## ASTROnauten auf dem Mond sehen die Erde auf- und untergehen

Wir sind es gewohnt, dass alle Himmelskörper aufgehen, über den Himmel ziehen und wieder unter dem Horizont versinken. Und so wundert sich auch kaum jemand über die Bildunterschrift, die dem berühmten Foto von der weißblauen Erde über der öden Mondlandschaft meist beigefügt wird: „Vom Mond aus gesehen: Die Erde geht auf".

Doch leider ist sie völlig falsch. Denn unser Trabant dreht bekanntlich der Erde immer die gleiche Seite zu. Daher kann man von jedem Punkt dieser Mondseite aus auch stets die Erde sehen und beobachten, wie sie sich binnen 24 Stunden einmal um sich selbst dreht. Astronauten sehen vom Mond aus die Erde nur dann auf- und untergehen, wenn sie selbst den Mond umkreisen. Von einem Landepunkt auf der Vorderseite des Mondes aus gesehen leuchtet dagegen die Erde ständig am schwarzen Mondhimmel. Wie hoch sie über dem Mondhorizont steht, hängt nur davon ab, an welchem Punkt der Mondoberfläche sich die Astronauten befinden – im Polargebiet, näher am Mondäquator, weiter im Osten oder weiter im Westen.

## Es gibt Lebewesen AUF DEM MOND

Das meldete die New Yorker Tageszeitung „Sun" am 25. August 1835 unter dem Titel „Entdeckungen am Himmel". Einige Monate zuvor sei der Astronom Sir John Herschel nach Kapstadt aufgebrochen, um dort eine Sternwarte zu errichten und ein neues, besonders starkes Teleskop auszuprobieren. Damit habe er auf dem Mond Bäume, Ozeane, Büffel, Pelikane und andere Tiere entdeckt, verkündete das Blatt. Immer neue Enthüllungen folgten. Die größte Sensation kam aber noch. Am 28. August konnten die New Yorker lesen: Herschel habe sogar menschenähnliche Wesen beobachtet. Sie gingen angeblich aufrecht, ihr Körper sei mit kupferfarbenem Fell bedeckt, und sie hätten Flügel aus dünner, durchscheinender Haut. Später war sogar von Tempeln aus Saphir und Gold zu lesen. Aber dann, so musste die „Sun“ ihren Lesern betrübt mitteilen, sei das Teleskop durch Fehlbedienung beschädigt worden.

Die Meldung von den frühen „Aliens“ stieß damals keineswegs auf Unglauben. Im Gegenteil: Die Auflage der Zeitung schnellte empor, zahlreiche Konkurrenzblätter griffen die Nachricht auf und schmückten sie mit eigenen „Recherche-Ergebnissen“ weiter aus. Südafrika war weit entfernt, der Telegraf noch nicht erfunden. So dauerte es Monate, genauere Erkundigungen einzuholen. Eine Bibelgesellschaft beschloss sofort, Missionare zum Mond zu schicken, um die „Fledermaus-Menschen“ zu christianisieren. Sehr frustriert war allerdings der Autor Edgar Allan Poe. Er schrieb nämlich gerade an einem Roman, in dem ein Ballonfahrer auf den Mond gerät, und sah sich nun von der Wirklichkeit überholt.

Erst drei Wochen später gestand der Herausgeber der „Sun“, es habe sich um eine Satire gehandelt. Die New Yorker zeigten Humor: Sie amüsierten sich über den Scherz. Die Auflage der „Sun“ blieb auch weiterhin auf der neu erreichten Höhe. Und selbst Jahre später wollten viele Menschen nicht glauben, dass es sich nur um eine Zeitungsente gehandelt hatte.

**AUSSERirdische haben früher die Erde besucht** Möglich. Nur haben sie dann leider keinen Beweis dafür hinterlassen, oder wir haben ihn noch nicht gefunden. Und an dieser bedauernswerten Tatsache ändern leider auch ganze Bibliotheken der Bücher von „Prä-Astronautikern" nichts, wie die Anhänger von Schriftstellern wie Däniken genannt werden.

Die Möglichkeit vorzeitlichen Besuches aus dem All haben Autoren lange vor Däniken erwogen, und er hat viele seiner angeblichen Beweise von Vorgängern übernommen. Vor allem aber gelang es ihm, das Thema in der breiten Öffentlichkeit bekannt zu machen. 1968 veröffentlichte er sein Buch „Erinnerungen an die Zukunft", das zum Bestseller wurde, und schob dann noch zahlreiche weitere Bücher nach. Sie lösten auch unter Wissenschaftlern eine Diskussion aus, zumal Däniken ebenso wie andere Esoterik-Autoren gerne die Forscher wegen ihrer angeblichen Ignoranz solchen Themen gegenüber angreift. Es zeigte sich aber rasch, dass all die „Beweise" keineswegs überzeugten, zumal er viele Resultate der Forschung einfach ignorierte, wenn sie nicht in sein Konzept passten.

Glaubt man Dänikens diversen Büchern, so müssen die Außerirdischen, die angeblich von unseren Vorfahren für Götter gehalten wurden, oft auf der Erde erschienen sein. Sie haben nach Überzeugung dieses Autors durch Paarungen oder Gentechnik in die Evolution eingegriffen und die Intelligenz der Menschen gesteigert. Sie hinterließen den frühen Menschen nützliche Kenntnisse, halfen sogar beim Pyramidenbau, lieferten sich aber untereinander auch Schlachten, was sich dann in diversen irdischen Mythen niedergeschlagen hat.

Schon seltsam, dass diese umfassenden Aktivitäten nicht eine einzige wirklich überzeugende Spur hinterlassen haben! Das bedauert sicher niemand mehr als die Astronomen, die immerhin an extraterrestrischem Leben hoch interessiert sind und mühevoll nach Planeten um ferne Sonnen und außerirdischen Funksignalen fahnden.

Echte Spuren von Aliens auf der Erde – was für ein erregendes (und sicher gut dotiertes) Forschungsgebiet ergäbe sich daraus!

Und es wird ja gar nicht viel verlangt: Schon ein einziges Artefakt, das unsere Vorfahren mit Sicherheit nicht hätten herstellen können, würde ja bohrende Fragen genug aufwerfen – etwa ein kleiner Alien-Chip in einem sicher dokumentierten Grabfund.

## Die **DINO**saurier starben während der letzten Eiszeit aus

Niemand von uns kann sich die gewaltigen Zeitabgründe der irdischen Geschichte wirklich vorstellen. 4,6 Milliarden Jahre sind seit der Entstehung unseres Heimatplaneten vergangen – wenn man diese Zahl auch nur abzählen möchte, rund um die Uhr jede Sekunde ein Jahr, wäre man damit 145 Jahre beschäftigt.

Kein Wunder also, wenn man auf diesem Gebiet manchmal etwas durcheinander wirft. Nur die Geologen und Paläontologen, die einschlägigen Fachleute also, tummeln sich zwischen den Jahrmillionen und turnen geschickt zwischen Perm, Kambrium, Kreide und Tertiär die Zeitleiter hinauf und hinab.

Und sie verraten uns: Mit der Eiszeit haben die Dinosaurier nichts, aber auch gar nichts zu tun. Die ist nämlich erst seit ganz kurzer Zeit vorbei. Hier zu Lande ist der dicke Eispanzer vor rund 13 000 Jahren abgetaut, es wurde wärmer, und Eiszeittiere wie Mammuts und Höhlenbären starben aus. Begonnen hatte die Kälteperiode vor rund zwei Millionen Jahren – zu einer Zeit, als Urmenschen bereits einfache Steinwerkzeuge fertigten.

Dinosaurier gab es damals aber schon längst nicht mehr. Auch wenn etwa die Familie-Feuerstein-Filme etwas anderes suggerieren: Nie hat ein Mensch einen lebenden Dinosaurier gesehen. Die Riesenechsen waren schon über 60 Millionen Jahre von der Erde verschwunden, als die ersten Urmenschen durch die Steppe trabten.

Die Todesursache der Dinos kam nach heutiger Kenntnis – und deshalb gehören sie in dieses Buch – aus dem All: Es war ein gewaltiger Felsbrocken von rund zehn Kilometern Durchmesser. Er schlug mit mehr als 25 Kilometern pro Sekunde in die Erde ein und bohrte sich im Gebiet der mexikanischen Halbinsel Yukatan tief in die Erdkruste, die damals von einem Meer bedeckt war. Trotz aller filmischen Bemühungen Hollywoods können wir uns eine Katastrophe dieser Dimension kaum ausmalen. Innerhalb weniger Sekunden setzte der Einschlag die Energie von fünf Milliarden Hiroshima-Atom-

bomben frei. Das Inferno radierte die meisten Arten aus, bei weitem nicht nur die Dino-, Meeres- und Flugsaurier. Nur wenige kleinere Tierarten überlebten mit Mühe, darunter Säugetiere und Vögel. Sie übernahmen die nun frei gewordenen Lebensräume – ohne diese Katastrophe würde es uns nicht geben.

## Alle Planeten rotieren im gleichen DREHsinn

Wo sich heute die Planeten um die Sonne bewegen, waberte einst nur eine riesige, langsam rotierende Wolke aus Staub und gefrorenen Gasen. Die eigene Schwerkraft zog die Teilchen aneinander und formte eine Scheibe. In ihrem Zentrum ballte sich der größte Teil der Materie zusammen, und im Kern dieses Balls setzte dann die Energiepro-

duktion ein, die ihn als Sonne aufstrahlen ließ. Der Rest der Materie verbackte teilweise zu Planeten und Monden, die fortan ihre Bahnen um die Sonne zogen.

Angesichts dieser Entstehungsgeschichte ist es kein Wunder, dass alle Planeten die gleiche Umlaufrichtung haben – keiner kreist als

„Geisterplanet“ andersherum um die Sonne. Und es ist ebenso wenig überraschend, dass ihre Umlaufbahnen alle ungefähr in der gleichen Ebene liegen. Das ist nämlich genau die Ebene, die vor Jahrmilliarden die Staubscheibe bildete, aus der die Planeten und Monde entstanden.

Auch in ihrer Eigendrehung sind sich die Planeten sehr ähnlich. Ihre Achsen stehen in den überwiegenden Fällen etwa senkrecht auf der Ebene der Umlaufbahn. Und außerdem drehen sich nahezu alle Planeten gleichsinnig um ihre Achse.

Aber es gibt drei bemerkenswerte Ausnahmen: Die Venus dreht sich genau andersherum um ihre Achse als die anderen Planeten. Zudem tut sie dies extrem langsam: Sie braucht für eine Rotation um sich selbst 244 Erdentage, für einen Sonnenumlauf dagegen nur 225 irdische Tage! Für einen Beobachter auf der Venus hat das die erstaunliche Folge, dass er die Sonne während eines Umlaufs (also eines Venusjahres) nur zweimal aufgehen sieht. Die Ursache für diese seltsame Bewegung ist unklar.

Noch seltsamer rotiert Uranus, der drittgrößte Planet. Seine Drehachse liegt in der Ebene seiner Umlaufbahn. Mal weist sein Nordpol also direkt zur Sonne, so dass er wie ein Wagenrad über seine Umlaufbahn walzt. Einige Jahre später zeigt der Äquator zur Sonne. Und noch später kehrt er ihr seinen Südpol zu und rollt nun sozusagen rückwärts. Ungeklärt ist auch hier die Ursache dieses seltsamen Verhaltens. Vielleicht hat in früheren Zeiten ein schwerer Rammstoß mit einem Kleinplaneten den Uranus gekippt.

Die dritte Ausnahme ist Pluto. Auch sein Äquator scheint um über 90 Grad gekippt zu sein. Bei ihm hält sich das Erstaunen der Astronomen allerdings in Grenzen, denn dieser Himmelskörper verhält sich sowieso eher ungewöhnlich für einen Planeten (siehe auch Seite 84).

## Die Erde DREHT sich in 24 Stunden einmal um sich selbst

So lernen es schon die Kinder in der Schule: 24 Stunden sind ein Tag, und ein Tag bedeutet eine Umdrehung der Erde um sich selbst.

Das stimmt aber nicht exakt. Denn genau genommen ist der Tag nicht definiert als eine Umdrehung, sondern als die Zeitspanne zwischen zwei Sonnenhöchstständen, und dazwischen vergehen tatsächlich 24 Stunden. Für eine Umdrehung braucht die Erde aber nur 23 Stunden, 56 Minuten und etwa vier Sekunden. Das kann man messen, indem man sich an einem weit entfernten Stern orientiert. Woher kommt die Differenz? Die Erde rotiert nicht nur, sondern sie bewegt sich auch auf ihrer Bahn um die Sonne vorwärts. Nach einer Eigendrehung ist sie ungefähr einen Winkelgrad weitergekommen. Daher steht dann die Sonne, von der Erde aus gesehen, nicht mehr ganz genau an der gleichen Stelle des Himmels. Erst nach weiteren vier Minuten (das entspricht einem 360stel Tag) hat sie ihren Höchststand wieder erreicht, es ist ein voller Tag vergangen.

## Eine Seite des Mondes ist stets DUNKEL

Im angelsächsischen Raum spricht man auch von „the dark side of the moon“ und meint damit seine Rückseite.

Nun ist natürlich der Mond niemals rundum erhellt. Er reflektiert ja Sonnenlicht – und die Sonne bescheint ihn immer nur aus einer Richtung. Das heißt aber nicht, dass der Mond eine ständig helle und eine ebenfalls andauernd dunkle Seite hätte. Denn der Mond dreht sich ja um sich selbst, und so kommen im Laufe eines Mondtages (der rund einen irdischen Monat dauert) alle Gebiete in den Sonnenschein – auch die von der Erde aus unsichtbare Rückseite.

Es gibt aber tatsächlich einen Mond mit einer hellen und einer dunklen Seite: den Saturnmond Iapetus. Er ist bekannt als „Mond mit den zwei Gesichtern" und im ganzen Sonnensystem einzigartig. Seine helle Fläche ist mit Kratern übersät und besteht aus Material, das rund die Hälfte des auftreffenden Sonnenlichts reflektiert. Ganz anders der dunkle Bereich: Er ist duster wie Kohlenstaub und wirft nur knapp vier Prozent des Lichts zurück. Seine Struktur ist noch rätselhaft – vielleicht besteht er aus schwarzem Gestein, vielleicht ist er mit dunklem, rußigem Staub bedeckt. Die Raumsonde *Cassini* soll hier demnächst Klarheit schaffen.

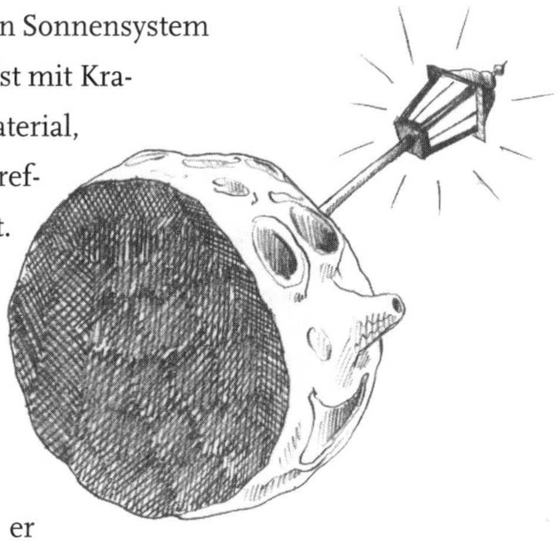

## In New York sind bösartige Marswesen **EINGEFALLEN**

Das glaubten zumindest zahlreiche Hörer, die am Abend des 30. Oktober 1938 vor dem Radio saßen. Das normale Radioprogramm der Station CBS wurde von einer aktuellen Meldung unterbrochen, wonach man auf dem Mars gewaltige Explosionen beobachtet habe. „Live-Reportagen" eines Reporters über die Landung fremder Raumschiffe in New Jersey, „Originaltöne" mit Sirenen und Schmerzensschreien, „Interviews" mit entsetzten Polizisten und Einwohnern folgten. Die erschreckten Hörer vernahmen, dass aus den Raumschiffen grauenvolle, hässliche Wesen herausgeklettert waren, die mit riesigen Kampfmaschinen und Todesstrahlen Feuer und

Vernichtung verbreiteten und sich anschickten, die Erde zu erobern. An ihren Lautsprechern erlebten sie den Tod des Reporters am Landeplatz mit, hörten von der panischen Flucht der Einwohner, der Invasion der Marsianer in New York und der Zerstörung des Rundfunkstudios.

So wirklichkeitsnah und überzeugend klangen die Berichte, dass eine Panik ausbrach. Tausende von Menschen versuchten, vor den „Marsmenschen“ zu flüchten. Am Vorabend des Weltkriegs war die Stimmung sowieso aufgeheizt, außerdem konnten viele Hörer bald mit eigenen Augen sehen, wie ihre Nachbarn die Flucht antraten.

Was sie aber nicht wussten war, dass sie auf ein genial inszeniertes Hörspiel des damals erst 23-jährigen Regisseurs Orson Welles hereingefallen waren. Er hatte den 1898 erschienenen Sciencefiction-Roman „Krieg der Welten“ des britischen Autors H.G. Wells als Vorlage für ein Horror-Spektakel am Vorabend von „Halloween“ benutzt. Den letzten Satz des Hörspiels – „Boooh, it's Halloween!“ – bekamen viele gar nicht mehr mit. Sie waren längst in Panik aus der Wohnung geflüchtet.

Der Erfolg der Sendung machte Welles weltberühmt, und wenige Jahre später schrieb er mit Streifen wie „Citizen Kane“ und „Der dritte Mann“ Filmgeschichte.

# Die Erde hat den Mond einst EINGEFANGEN

Die *Apollo*-Flüge zum Mond haben eine Fülle wissenschaftlicher Fragen aufgeworfen und keineswegs, wie man einst hoffte, fast alle offenen Fragen zum Mond beantwortet. Aber ein Jahrhunderte altes Rätsel haben sie doch gelöst: wie der Mond entstanden ist.

Darüber existierten in der Vergangenheit mehrere Theorien: Zum Beispiel, dass sich Mond und Erde getrennt voneinander gebildet haben, etwa gleichzeitig mit den anderen Planeten und Monden im Sonnensystem. Die Erde habe den Mond dann mit ihrer größeren Schwerkraft eingefangen und auf eine Umlaufbahn gezwungen.

An sich wäre ein solcher Vorgang nicht ungewöhnlich: Die Riesenplaneten Jupiter und Saturn und sogar der kleine Mars haben offenbar auf diese Art herumschwirrende Kleinstplaneten an sich gebunden und sich so eine ganze Schar von kleinen Begleitern zugelegt. Doch unser Mond entfernt sich, wie Messungen zeigen, langsam von der Erde. Dies spricht eher dagegen, dass die Erde ihn einst eingefangen hat.

Eine zweite Theorie besagt, dass der Mond ein Kind der Erde sei. Sie habe in ihrer stürmischen Jugend so rasch rotiert, dass durch die Fliehkraft ein Teil abriss – eine Wolke aus feuerflüssigem Material, die sich dann zum Mond zusammenballte. Doch wenn die Erde anfangs so rasch herumwirbelte – wo ist dann dieser Drehimpuls geblieben? Dazu rotiert das System Mond – Erde viel zu gemächlich.
Auf die Spur der heute allgemein anerkannten Theorie kamen die Forscher durch Untersuchungen des Mondgesteins. Seine chemische Zusammensetzung ähnelt auffällig den Gesteinen der Erdkruste, während andere, gleichzeitig entstandene Körper wie Meteoriten ganz anders aufgebaut sind.
Heute stellt man sich das Szenario der Mondentstehung als gewaltige Katastrophe vor, die die junge Erde traf. Sie war damals schon einige Millionen Jahre alt, aber noch glutflüssig. Damals ging es im Sonnensystem turbulenter zu als heute, denn es schwirrten noch weit mehr Gesteinsbrocken und Mini-Planeten umher. Einer dieser Brocken kollidierte streifend mit der Erde. Er war etwa so groß wie der Mars. Der Rammstoß war so heftig, dass ein großer Teil des glutflüssigen Gesteins unter der noch dünnen Erdkruste sowie des einschlagenden Brockens davonflog und sich als Wolke in einer Erdumlaufbahn sammelte. Der Kern des „Impaktors“ stürzte auf die Erdoberfläche und verschmolz mit ihr. Die glutflüssige Wolke ballte sich zu einer Kugel zusammen, die langsam erkaltete und seither als Mond unseren Planeten umrundet.

## Alle Galaxien ENTFERNEN sich voneinander

Es war eine Sensation, was der amerikanische Astronom Edwin Hubble 1929 herausfand: Nahezu alle Galaxien entfernen sich von uns. Das Universum dehnt sich seit dem „Urknall“ mit hoher Geschwindigkeit aus. Und wie sich die Rosinen in einem aufgehenden Kuchen alle voneinander entfernen, weil sich der Teig zwischen ihnen aufbläht, vergrößern auch die Galaxien ihre Abstände.

Doch eigentlich gilt dies nur für große Entfernungsmaßstäbe. Galaxien bilden nämlich Haufen, und diese streben tatsächlich voneinander davon. Die einzelnen Galaxien im Haufen aber schwirren ähnlich wie Mücken in einem Schwarm durcheinander, und bisweilen fliegen sie in Richtung einer anderen Sterneninsel der Gruppe. Gar nicht so selten kommt es daher zu Kollisionen ganzer Galaxien mit ihren jeweils Milliarden von Sternen. Auch unserer Milchstraße steht solch ein Schicksal bevor: Die benachbarte Andromeda-Galaxie rast mit etwa 140 Kilometern pro Sekunde auf uns zu und wird die Milchstraße in etwa drei Milliarden Jahren erreichen.

Einzelne Sterne werden dabei kaum zusammenprallen. Denn die sind vergleichsweise klein und stehen in weitem Abstand voneinander wäre ein Stern so groß wie eine Apfelsine, lägen gerade drei bis vier davon auf der Fläche Europas. Die interstellaren Staubwolken aber werden kräftig verdichtet und sich an vielen Stellen zusammenballen. Dann wird die Welt das Licht mehrerer Milliarden neuer Sterne erblicken – eine gigantische Verjüngung und Umwälzung der Galaxien. Zudem wird sich die Spiralstruktur verformen; vielleicht bilden sich lang gezogene Bänder oder Wolken aus jeweils vielen Millionen Sternen. Auch möglich, dass die Welteninseln nach einigen gemeinsamen Rotationen im Laufe von einigen Jahrmilliarden miteinander verschmelzen.

Kurz vor der Begegnung wird das gewaltige Feuerrad der Andromeda-Galaxie den ganzen Himmel ausfüllen und ein prächtiges Bild bieten. Erdenbewohner freilich werden es kaum genießen können – bis dahin hat unsere Sonne längst die Erdoberfläche verbrannt.

## Nur auf der ERDE gibt es Leben

Wir wissen bisher nicht, ob wir die einzigen Lebewesen im All sind. Aber es wird immer wahrscheinlicher, dass sich Leben auch auf anderen Planeten entwickelt hat. Immerhin findet man viele Grundbausteine für Leben, darunter recht komplexe, sogar in kosmischen Staubwolken. Auch ist seit einigen Jahren die Frage positiv beantwortet, ob andere Sonnen auch Planeten haben. Zwar sind die bisher entdeckten extrasolaren Planeten weit größer als die Erde, aber das ist die Folge mangelnder Empfindlichkeit der bisher verwendeten Spürmethoden. Bessere Technik wird in einigen Jahren erdgroße Planeten sichtbar machen können, und durch Analyse des Lichtes eventuell auch Spuren von Leben finden (etwa freien Sauerstoff).

Zudem ist die Zahl der Sterne allein in unserer Milchstraße so gigantisch – es wäre schon aus Wahrscheinlichkeitsüberlegungen heraus seltsam, wenn sich Leben nur auf einen einzigen Planeten beschränken würde. Ob fremde Lebensformen intelligent, technisch begabt und an Kontakten interessiert sind, ist eine andere Frage. Vielleicht ist das Leben vielerorts nicht über Einzeller hinausgekommen; auch auf der Erde hat dieses Stadium die weitaus längste Zeit, nämlich mehr als drei Milliarden Jahre gedauert. Zudem machen die gewaltigen Entfernungen im All natürlich jeden interstellaren Plausch so gut wie unmöglich.

Aber immerhin ist das Universum erstaunlich exakt darauf ausgerichtet, Sterne, Planeten und Leben zu ermöglichen. Das sieht man an bestimmten Naturkonstanten, die sozusagen „Stellschrauben“ fürs Universum darstellen: An ihnen könnte ein kosmischer Experimentator, wollte er diverse Universen erzeugen, die jeweiligen lebensfördernden oder -feindlichen Eigenschaften einregeln. Würden sie nur um wenige Prozent von ihrem jetzigen Wert abweichen, hätten sich zum Beispiel keine Atome oder Moleküle oder keine schwereren Elemente jenseits von Helium bilden können.

## Die Sonne strahlt noch EWIG

Ohne die Wärme und das Licht der Sonne wäre die Erde öde und leer, ein froststarrender Ball aus Gestein, Eis und gefrorenen Gasen. In den vergangenen 4,6 Milliarden Jahren hat die Sonne zuverlässig gearbeitet und das irdische Leben erst ermöglicht. Doch nichts ist ewig, nicht einmal unsere Sonne. Wir können recht gut voraussehen, welchem Schicksal sie entgegengeht – und welche Zukunft der Erde bevorsteht.

Die Sonne „verbrennt“ bekanntlich Wasserstoff, genauer: Sie verschmilzt unter Druck und Hitze in ihrem Kern jeweils vier Wasserstoffatomkerne zu einem Atomkern des Elements Helium. Diese „Kernfusion“ setzt Energie frei und speist den Sonnenofen.

Bei ihrer Geburt bestand die Sonne aus etwa 75 Prozent Wasserstoff, vermischt mit rund 25 Prozent Helium. Diese Zusammensetzung haben ihre äußeren Teile heute noch. Im Kern aber ist schon ein Großteil des Wasserstoffs umgesetzt und der Heliumanteil auf 50 Prozent gestiegen. In Zukunft arbeitet sich die Kernfusion aus dem heliumreichen Kern weiter nach außen. Dabei bläht sich die Sonne langsam auf. Ihre Oberfläche kühlt ab und leuchtet dann rötlich. Durch die zunehmende Strahlung wird in spätestens einer Milliarde Jahren das irdische Leben vernichtet sein.

In gut sieben Milliarden Jahren wird die Sonne 20-mal so groß sein wie heute. Das Aufblähen beschleunigt sich nun, und sie verschluckt die inneren Planeten Merkur und Venus. Die Erde könnte diesem Schicksal gerade eben entgehen, bleibt aber als verbrannter, wasser- und luftloser Planet bar jeden Lebens zurück.

Schließlich erreicht die Sonne eine maximale Größe und strahlt 800-mal soviel Licht aus wie heute, um dann rasch wieder zusammenzuschrumpfen. In den folgenden Jahrmillionen wird sie sich noch mehrmals aufblähen und zusammenziehen und dabei einen Teil ihrer Masse ins All jagen. Schließlich aber, wenn aller atomarer Brennstoff verbraucht ist, fällt sie zu einem vergleichsweise kleinen, hell leuchtenden „Weißen Zwerg" zusammen, der nur von seiner gespeicherten Hitze gespeist wird. Im Laufe von zehn bis zwanzig Jahrmilliarden kühlt er langsam aus und wird schließlich zu einem „Schwarzen Zwerg", der dunkel, kalt und einsam durchs All treibt.

## Kleinplaneten sind durch die EXPLOSION eines großen Planeten entstanden

Bis heute suchen die Astronomen vergeblich nach einem Naturgesetz, das die Abstände der Planeten von der Sonne beschreibt. Im 18. Jahrhundert entdeckten der Mathematiker Johann Daniel Titius und der Astronom Johann Bode einen Rechentrick, der die jeweiligen Distanzen wenigstens ungefähr richtig ergibt. Er funktioniert sogar auch noch für den Uranus, der erst 1781, nach Aufstellen dieser „Titius-Bode-Formel" entdeckt wurde. Doch diese Formel forderte einen Planeten zwischen Mars und Jupiter – und der fehlt. Im Planetensystem klafft hier eine seltsame Lücke.

Daher war die Astronomengemeinde überglücklich, als der Italiener Giuseppe Piazzi 1801 einen wenn auch sehr kleinen Planeten ziemlich genau in der nach Titius-Bode geforderten Entfernung von der Sonne entdeckte. In den folgenden Jahren fand man in diesem Gebiet weitere solcher „Planetoiden", und heute wissen wir, dass sich

zwischen Mars- und Jupiterbahn ein ganzer Gürtel aus Millionen kleiner und kleinster Brocken um die Sonne zieht. Hatte hier einst ein großer Planet seine Bahn gezogen? Aber welche wahrhaft kosmische Katastrophe hatte ihn dann zerfetzt? Droht der Erde eventuell ein ähnliches Schicksal? Für Unglückspropheten und Sciencefiction-Autoren war der geborstene Planet ein dankbares Thema.
Heute haben sich die Gemüter beruhigt. Es sprechen nämlich viele Argumente gegen die Annahme, dieser Gürtel sei die Explosionswolke eines zerrissenen Planeten. Dafür reicht schon die Menge nicht: Alle Planetoiden gemeinsam bringen es nur auf ein Zwanzigstel der Masse unseres Mondes. Man nimmt daher an, dass sich aus noch unbekannten Gründen hier gar kein Planet bilden konnte. Stark im Verdacht als „Spielverderber" ist dabei der benachbarte Riesenplanet Jupiter. Mit seiner Schwerkraftwirkung verhinderte er eventuell, dass sich die Staubwolke, aus der das Planetensystem entstand, an dieser Stelle zu einem großen Planeten zusammenballte. Immerhin entstanden damals mehrere Körper von solcher Größe, dass sie gerade eben aufschmelzen und Metallkerne bilden konnten. Sie wurden anschließend durch Kollisionen mit anderen Planetoiden wieder zerfetzt. Aber sie haben Spuren hinterlassen: Rund fünf Prozent der Planetoiden bestehen nicht aus Fels, sondern aus fast reinen Metallen – sie sind offenbar Trümmer einstiger Kleinplanetenkerne.

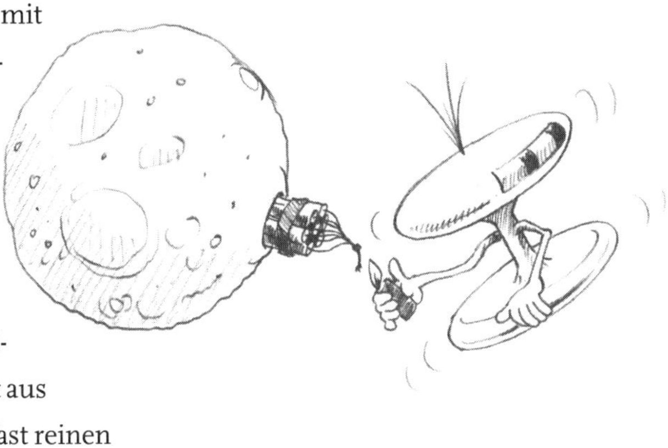

F

# FIXsterne bewegen sich nicht

Wenn ein babylonischer Sterndeuter heute aus seinem Wüstengrab auferstünde, würde ihm das moderne Leben sicher fremd und völlig unverständlich vorkommen. Ein Blick zum Nachthimmel aber könnte ihn trösten: Hier hat sich in den letzten 3000 Jahren kaum etwas verändert. Die gleichen Sterne wie einst funkeln am Himmel und sie bilden die gleichen Sternbilder, die er schon zu Lebzeiten kannte.
Im Gegensatz zu den Planeten, den „Wandelsternen“, bezeichnet man die fernen Lichtpunkte als „Fixsterne“. Der Name leitet sich ab vom lateinischen „fixus“ (fest). Denn seit dem Altertum war unbestritten, dass die Sterne ihre Position nicht verändern. Die alten Griechen stellten sich sogar vor, die Lichtpunkte seien an der Innenseite einer kristallenen Kugelschale fest angeheftet.
Doch die scheinbare Unbeweglichkeit der Fixsterne ist eine optische Täuschung, hervorgerufen durch die gigantischen Entfernungen der Sterne und unser vergleichsweise kurzes Leben. Wenn man nur lange genug zusieht, verschieben sich die Fixsterne durchaus. Bei manchen relativ nahen Sternen ist diese Verschiebung sogar merklich: Den Rekord hält der nur 5,9 Lichtjahre entfernte, mit bloßem Auge unsichtbare „Barnards Pfeilstern“. Er wandert in 170 Jahren immerhin um eine Vollmondbreite am Himmel. Berücksichtigt man seine Entfernung, kann man daraus eine Geschwindigkeit von etwa 90 Kilometer pro Sekunde quer zu unserer Blickrichtung errechnen. In Wirklichkeit ist er

sogar noch schneller, weil er sich zum Teil auch in unsere Richtung bewegt. Die schnellsten bisher gemessenen Sterngeschwindigkeiten liegen sogar bei rund 500 Kilometer pro Sekunde.

Natürlich ist auch unsere Sonne vom allgemeinen stellaren Bewegungsdrang erfasst. Sie zieht mit rund 20 Kilometer pro Sekunde an ihren unmittelbaren Nachbarsternen vorbei.

All diese Bewegungen summieren sich im Laufe der Äonen. Vertraute Sternbilder wie die Kassiopeia oder auch der Große Wagen sahen daher vor 100 000 Jahren anders aus als heute, und sie werden sich auch in Zukunft verändern. Manche Sterne wandern sogar aus ihrem jetzigen Sternbild hinaus. Sirius etwa, den wir heute im Sternbild Großer Hund finden, wird in 100 000 Jahren im Sternbild Bildhauer stehen.

Anders als unser wiedergeborener Babylonier hätte also ein wiederauferstandener Schamane der Steinzeit nicht einmal den vertrauten Sternenhimmel als Trost.

## Sterne **FUNKELN** wirklich

Wie schön, in einer lauen Sommernacht als liebendes Paar auf einer Bank zu sitzen – über sich die funkelnden Sterne – und sich Zärtlichkeiten ins Ohr zu flüstern.

Astronomen dagegen sind, zumindest in Ausübung ihres Berufes, von dem Gefunkel überhaupt nicht angetan. Denn nicht die Sterne selbst flackern. Es sind nur Luftbewegungen, die sie vor unseren Augen und im Gesichtsfeld eines Fernrohrs hin und her tanzen lassen. Nachdem das Sternenlicht viele Jahre lang ziemlich ungestört durch den fast leeren Weltraum gelaufen ist, werden die Lichtstrahlen im letzten Bruchteil einer Sekunde vor der Ankunft noch kräftig durchgeschüttelt. Denn unsere Lufthülle besteht aus ständig wirbelnden

Schichten und Blasen mit etwas unterschiedlichen optischen Eigenschaften. Was sie einem Lichtstrahl antun können, zeigt der Blick über ein sonnenbeschienenes Dach hinweg: Die turbulenten Wolken erhitzter und kühlerer Luft lassen die Strahlen zappeln.
Zitterndes Sternenlicht nimmt unser Auge wahr als Sternenfunkeln. Ein Fernrohr vergrößert dieses Gewoge noch. Will man ein Sternenfeld unter solchen Bedingungen fotografieren, bekommt man natürlich nur unscharfe Bilder.
Ganz ausgeliefert ist die Astronomie den wallenden Luftschichten aber nicht. Es gibt heute Computer, die bei erdgebundenen Teleskopen das Flimmern herausrechnen und so die Bildschärfe deutlich erhöhen. Noch besser hat es das *Hubble*-Weltraumteleskop: Es zieht seine Bahn hoch über all diesen irdischen Widrigkeiten.

## Mit bloßem Auge sind keine GALAXIEN zu sehen

Wenn Sie mal richtig altes Licht sehen wollen, sollten Sie in einer klaren, dunklen Herbstnacht nach draußen gehen, bewaffnet mit einer Sternkarte, und die Andromeda-Galaxie (auch Andromeda-Nebel genannt) suchen. Sie sehen sie im Sternbild Andromeda, wenn sich die Augen an die Dunkelheit gewöhnt haben, als schwachen, verschwommenen Lichtfleck. Er ist das entfernteste noch mit bloßem Auge sichtbare Objekt am Himmel: Das Licht, das in Ihr Auge fällt, hat eine Reise von über 2,7 Millionen Jahren hinter sich!
Freilich sieht man mit bloßem Auge nur den hellen Zentralbereich dieser Welteninsel. Mit dem Fernrohr erkennt man auch einige schwächer leuchtende Zonen. Insgesamt erstreckt sie sich rund fünf Vollmondbreiten über den Himmel. Von der Südhalbkugel aus sind noch zwei weitere Galaxien sichtbar: die Große und die Kleine Ma-

gellansche Wolke. Sie sind nicht so schöne Spiralnebel wie die Andromeda-Galaxie oder auch unsere Milchstraße, sondern zeigen ein unregelmäßiges Erscheinungsbild. Als „Satelliten-Galaxien“ sind sie mit unserem eigenen Milchstraßensystem eng verbunden und mit 170 000 bzw. 200 000 Lichtjahren Entfernung stehen sie uns vergleichsweise nahe. Benannt wurden sie nach dem spanischen Eroberer Ferdinand Magellan, der sie 1519 während seiner Weltreise entdeckte.

## .. Die Mondlandung war GEFÄLSCHT

Die älteren unter uns werden sich noch daran erinnern: Am 20. Juli 1969 saßen wir wie Milliarden andere Menschen bis in die Nacht vor den Fernsehschirmen, um die ersten Schritte des Amerikaners Neil Armstrong auf dem Mond mitzuerleben.
Doch war das wirklich ein Jahrhundert-Ereignis, die Erfüllung eines alten Menschheitstraums? Oder war es etwa eine gigantische Täuschung der NASA, die uns den Mondflug nur vorgaukelte?
Seit einigen Jahren gibt es viele Menschen in Europa und den USA, die fest an die zweite Version glauben. Ihre Zahl stieg rasant, nachdem mehrere private TV-Sender in den USA und auch in Deutschland Sendungen aus-

gestrahlt hatten, in denen der Mondflug scheinbar überzeugend widerlegt wurde. Die NASA, so wurde behauptet, habe in den 60er Jahren gar nicht die technischen Fähigkeiten gehabt, Menschen heil zum Mond und zurück zu befördern. Aber man stand im Wettlauf mit der UdSSR. Also habe man die Mondlandschaft in dem geheimen Militärstützpunkt „Area 51“ aufgebaut und die ganze Sache nach Hollywood-Manier inszeniert – geschickt, aber nach Meinung der Skeptiker nicht geschickt genug. Denn sie meinen, in den Bildern vom Mond viele Gegenbeweise gefunden zu haben.

Einige Beispiele: Auf den Mondbildern seien keine Sterne zu erkennen, obwohl diese doch ständig vom Mondhimmel strahlen. Der Fuß der Mondlandeeinheit sei auf den Fotos völlig staubfrei – unmöglich bei einer echten Landung auf der staubbedeckten Mondoberfläche. Auch Schatten seien bisweilen auf dem gleichen Bild unterschiedlich lang oder wiesen in verschiedene Richtungen, obwohl doch die angeblich einzige Lichtquelle die Sonne gewesen sei – in Wahrheit sei dies ein Hinweis auf mehrere Scheinwerfer in einem Studio. Und besonders aufschlussreich: Auf den Bildern, die die angeblich auf dem Mond zurückgelassene Kamera vom Start der Mondlandefähre zum Rückflug gemacht habe, sei gar keine Flamme zu sehen gewesen.

Nun ist Skepsis gegenüber amtlichen Stellen leider nur zu berechtigt in einer Zeit, wo ein US-Präsident mit Lügen Kriege rechtfertigt. Doch der „moonhoax“ ist in Wirklichkeit keiner. Die „Beweise“ dafür sind leicht zu widerlegen. Natürlich sieht man auf den Bildern keine Sterne, weil die Kamera ihre Belichtungszeit auf den hellen Mondboden eingerichtet hat; die Sterne sind schlicht zu dunkel gewesen. Der Fuß der Fähre war staubfrei, weil aufgewirbelter Staub auf dem luftlosen Mond sofort wieder herab fällt, sich also keine Staubwolke nach der Landung absetzen konnte. Die unter-

schiedlichen Schatten stammen von Unebenheiten des Geländes. Und das Triebwerk verbrannte den Treibstoff Hydrazin, das im luftleeren Raum eine durchsichtige Flamme ergibt.
Insgesamt spricht die Beweislage also gegen die Studio-Version. Und außerdem: Es ist nicht sehr wahrscheinlich, dass eine solche Großaktion der USA mit Hunderten von Mitwissern geheim geblieben wäre – unter den Augen einer kritischen Presse und vor allem der Konkurrenzmächte.

## Die GEZEITEN entstehen, weil der Mond das Meerwasser anzieht

Wenn es so einfach wäre, hätten wir nur eine Flut pro Tag, und diese wäre dann, wenn der Mond genau über uns am Himmel steht. Wie jeder Nordsee-Urlauber weiß, läuft das Wasser aber zweimal in etwa 25 Stunden zu einer Flut auf, und zieht sich auch zweimal wieder zurück.
In Wirklichkeit wirken neben der Gravitation des Mondes auch die Bewegungen von Mond und Erde und die Sonne mit. Die direkte Anziehungskraft des Mondes erzeugt einen Flutberg auf der Seite der Erde, die dem Mond zugewandt ist. Dieser Flutberg ist nur wenige Dezimeter hoch. Er bleibt immer unter dem Mond, aber die Erde rotiert einmal pro Tag unter ihm hindurch. Wenn der Flutberg in die Nähe einer Küste kommt, steigt dort der Wasserstand je nach Küstenform unterschiedlich an. Meist sind es nicht nur etliche Zentimeter, sondern in engen Flussmündungen sogar mehrere Meter. Während sich die Erde weiterdreht, sinkt der Wasserstand wieder.
Die Anziehungskraft des Mondes ist eigentlich eher schwach. Zwar hebt sie Meerwasser und sogar das Land jeweils um rund 30 Zentimeter an, aber das spüren wir normalerweise gar nicht. Richtig aus-

bilden kann sich dieser flache Berg nur im weiten Ozean. In Seen oder gar Teichen gibt es deshalb keine Gezeiten. Selbst in Binnenmeeren wie Ostsee und Mittelmeer sind sie kaum merklich. Auch die Nordsee-Gezeiten kommen praktisch nur durch Randschwingungen des Wassers vom Atlantik her zustande.

Der Mond dreht sich um die Erde – wäre die Sache auch aus physikalischer Sicht so einfach, wie sie sich liest, wäre der zweite Flutberg auf der mondabgewandten Seite der Erde nicht zu verstehen. In Wirklichkeit aber bilden Mond und Erde eine Art Tanzpaar, das um einen gemeinsamen Schwerpunkt wirbelt. Dieser Schwerpunkt ist nicht der Erdkern. Aber weil unser Planet so viel massereicher ist als der Mond, liegt er innerhalb der Erde, rund 1600 Kilometer unter der jeweils dem Mond zugewandten Stelle der Oberfläche. Wer selbst schon schnell getanzt hat, kennt die nach außen ziehenden Kräfte bei dieser Tätigkeit. Auch das Ozeanwasser der mondabgewandten Seite

spürt Fliehkräfte, die es nach außen schleudern. Sie erzeugen dort den zweiten Flutberg, unter dem sich die Erde ebenfalls hindurchdreht.

Die Anziehungskraft der Sonne ist wegen ihrer großen Entfernung nur halb so groß wie die des Mondes. Dennoch spielt auch sie bei den Gezeiten eine Rolle: Je nach ihrer Stellung zu Erde und Mond kann sie die Tiden verstärken oder abschwächen.

## Die Erde dreht sich immer GLEICH schnell

Jahrtausendelang war die Drehung der Erde für die Menschen ein wichtiger Zeitmesser – und der weitaus genaueste: Selbst gute Pendeluhren reichten in der Exaktheit nicht an unseren rotierenden Planeten heran. Die Geräte zur Zeitmessung aber wurden ständig verbessert. Die bei weitem besten Zeitgeber sind heute die Atomuhren. Sie nutzen die konstanten Schwingungen bestimmter Atome als Zeiteinheit und würden erst nach 30 Millionen Jahren eine Sekunde falsch gehen. Als man ihre Angaben mit der Erddrehung verglich, gab es eine Überraschung: Die Erde, so zeigte sich, ist gar kein so exakter Zeitgeber. Im Sommer etwa sind die Tage um einige Sekundenbruchteile länger als im Winter. Ursache ist der Pirouetteneffekt, den man von drehenden Eislauftänzern kennt: Strecken sie die Arme aus, drehen sie sich langsamer, ziehen sie sie an den Leib, werden sie wieder schneller.

Und was sind die „Arme" der Erde? Kaum zu glauben: das Laub. Im Sommer hängen die Blätter einige Meter hoch, im Winter liegen sie auf dem Erdboden. Diese geringe Höhendifferenz liefert den messbaren Effekt. Zwar ist während unseres Winters auf der Südhalbkugel Sommer, so dass sich der Laubeffekt eigentlich ausgleichen müsste. Aber dort ist die Landfläche weit kleiner – also gibt es auch weniger Bäume.

Neben diesen regelmäßigen Schwankungen stellten die Forscher aber auch noch einen Trend fest zu immer längeren Tagen. Das Tempo der Erddrehung nimmt immer mehr ab. Schuld ist in diesem Fall vor allem der Mond durch seine Gezeitenwirkung. Die Erde dreht sich unter den beiden Flutbergen hindurch wie ein Rad zwischen zwei Bremsbacken – und wird langsamer. Die Tageslänge nimmt daher innerhalb von 100 000 Jahren um etwa 1,6 Sekunden zu: Zur Zeit der Dinosaurier hatte ein Tag nur etwa 23 Stunden heutiger Länge.

## Der Mond ist immer GLEICH weit weg

Würde der Mond wirklich um die Erde *kreisen,* hätte er immer den gleichen Abstand zu uns. Stattdessen beschreibt er aber eine elliptische Bahn um uns herum, die er etwa einmal pro Monat vollendet. Dabei wechselt er ständig

seine Distanz. Er kommt uns bis auf 356 400 Kilometer nahe, kann sich aber auch bis zu 406 700 Kilometer entfernen. Das wirkt sich natürlich auf seine Größe am Himmel aus: Im erdfernsten Punkt ist er rund zehn Prozent kleiner als in nächster Nähe. Allerdings liegen zwischen erdnächstem und erdfernstem Punkt rund 14 Tage. Mit bloßem Auge betrachtet fällt die Größendifferenz daher nicht auf.
Der Mond allerdings „spürt" die wechselnde Entfernung von der massigen Erde deutlich. Alle 14 Tage, nämlich immer, wenn er den erdfernsten oder den erdnächsten Bereich seiner Bahn durchläuft, entstehen an manchen Stellen des Mondes schwache Beben, deren Ursprung in rund 900 Kilometern Tiefe liegt. Offenbar bauen sich hier Spannungen ab, die durch die regelmäßig wechselnde Erdschwerkraft entstehen.

## Die GRAVITATION ist die stärkste Kraft in der Natur

Immerhin hält uns die Schwerkraft am Boden und sorgt zudem dafür, dass Sonne, Planetensystem und Galaxien nicht auseinander fliegen. Sie vermag sogar Lichtstrahlen abzulenken und fesselt sie in einem Schwarzen Loch, so dass sie es nicht verlassen können.
Doch die Gravitation ist nur eine der vier grundlegenden Naturkräfte. Unter diesen ist sie zwar die weitreichendste, aber bei weitem nicht die stärkste. Dafür spricht schon, dass es immerhin der Masse der Erde bedarf, um uns am Boden zu halten.
Die drei anderen Kräfte dominieren im Mikrokosmos der Atome. Die „starke Wechselwirkung" ist unter ihnen die stärkste: Sie hält die Bestandteile der Atomkernteilchen zusammen. Schon deutlich schwächer ist die „schwache Wechselwirkung", die an Zerfalls- und Fusionsprozessen von Atomkernen beteiligt ist.

Im Alltag haben wir es vor allem mit der „elektromagnetischen Wechselwirkung“ zu tun. Sie hält die Atome zusammen und verhindert, dass sich Atomkerne und die Elektronen der Atomhülle trennen. Auch Licht, elektrischer Strom, Magnetismus und die chemische Bindung in Molekülen hängen mit dieser Kraft zusammen. Doch obgleich die elektromagnetische Wechselwirkung keineswegs die stärkste Naturkraft ist, ziehen sich ein elektrisch positiv geladenes Proton und ein negativ geladenes Elektron durch die elektrischen Kräfte etwa 1000 Billionen Billionen Billionen Mal stärker an als durch ihre Schwerkraftwirkung.

## Planeten sind **GRÖSSER** als Monde

Die neun Planeten überdecken ein weites Größenspektrum. Pluto, der kleinste, hat nur gut 2300 Kilometer Durchmesser. Der riesige Jupiter dagegen bringt es auf über 140 000 Kilometer.

Ähnlich ist es auch bei den Monden. Zwar sind alle Planeten größer als ihre eigenen Monde. Aber die großen Monde der großen Planeten übertreffen einige kleinere Planeten deutlich an Durchmesser.

Reiht man die 17 größten Körper des Sonnensystems nach ihrer Größe auf, steht natürlich die Sonne selbst mit ihren fast 1,4 Millionen Kilometer Durchmesser unangefochten an der Spitze. Die Plätze zwei bis fünf belegen die riesigen Gasplaneten Jupiter, Saturn, Uranus und Neptun. Platz sechs nimmt bereits die Erde ein, vor Venus und Mars.

Aber schon auf Platz neun steht der Jupitermond Ganymed mit 5260 Kilometer Durchmesser, dicht gefolgt vom Saturnmond Titan mit 5150 Kilometer. Erst Platz elf ist wieder ein Planet, nämlich Merkur. Die weiteren Ränge besetzen die Jupitermonde Kallisto und Io, dann kommt unser Erdmond und der Jupitermond Europa. Und noch vor dem Planeten Pluto steht der Neptunmond Triton.

## Der GROSSE Wagen ist das bekannteste Sternbild

Jedem ist die Sternanordnung vertraut: Vier Sterne, die den Wagenkasten bilden, dazu drei Deichselsterne. Und wer über dem mittleren Deichselstern noch das kleine „Reiterlein“ erkennen kann, darf auf seine Sehschärfe stolz sein.

Doch eigentlich ist dieses bekannteste aller Sternbilder des Nordhimmels gar keines. Es ist vielmehr nur Teil eines größeren Sternbilds, nämlich des Großen Bären.

Freilich sind die „Wagen“-Sterne die hellsten dieses Sternbilds; die anderen sind weit unauffälliger. Daher trägt jeder von ihnen auch einen Eigennamen. Die vier Kastensterne etwa heißen Dubhe, Merak, Phekda und Megrez – die arabischen Namen zeugen von den großen Leistungen arabischer Astronomen während des Mittelalters.

Es ist erstaunlich, welche Fantasie die frühen Himmelsbeobachter bei der Benennung der Sternbilder entwickelten. Unsere Vorstellung eines Wagens mit Deichsel geht schon auf die Germanen zurück. Die Ägypter deuteten die sieben Sterne als Boot für ihren

Gott Osiris, in England werden sie meist als Großer Pflug, in Amerika und in China als Schöpflöffel bezeichnet.
Weit schwerer fällt es, im Gesamtsternbild einen Bären zu sehen. Dennoch war es nicht nur bei den Völkern der Antike, den Arabern, den Hebräern und den Phöniziern als Bär bekannt, sondern auch bei einigen Indianervölkern Nordamerikas. Für die Griechen war es eine Große Bärin, nämlich die Nymphe Kallisto – Göttervater Zeus hatte sich ihr genähert und sie geschwängert, worauf die erzürnte Zeus-Gattin Hera sie in eine Bärin verwandelte. Nach der Sage versetzte Zeus sie dann an den Himmel, worauf Hera die Götter des Ozeans überredete, die Bärin nie zum Wasser gelangen zu lassen.
Tatsächlich berührt das Sternbild nie den Horizont, zumindest wenn man es von nördlichen Breiten aus beobachtet. Es kreist ständig um den Himmelsnordpol und ist daher in jeder klaren Nacht zu bewundern.

## Außerirdische sind kleine **GRÜNE** Männchen

Eigentlich seltsam: Wenn denn schon Außerirdische, warum sollten sie klein sein? Und warum Männchen? Vielleicht haben sie gar kein Geschlecht – oder mehr als zwei. Und vor allem: Wieso ausgerechnet grün?
Vielleicht, weil wir „Grün" von allen Farben am wenigsten mit Mensch und Tier verbinden. Praktisch alle Farbtöne sind wir an Tieren gewohnt, nicht zuletzt von bunten Vögeln – aber Grün ist die typische Farbe von Pflanzen. Wegen des Blattgrüns ist sie sogar die für das irdische Leben wichtigste Farbe überhaupt.
Die Vorstellung von den „kleinen grünen Männchen" ist auch im angelsächsischen Sprachraum verbreitet, aber noch nicht sehr alt.

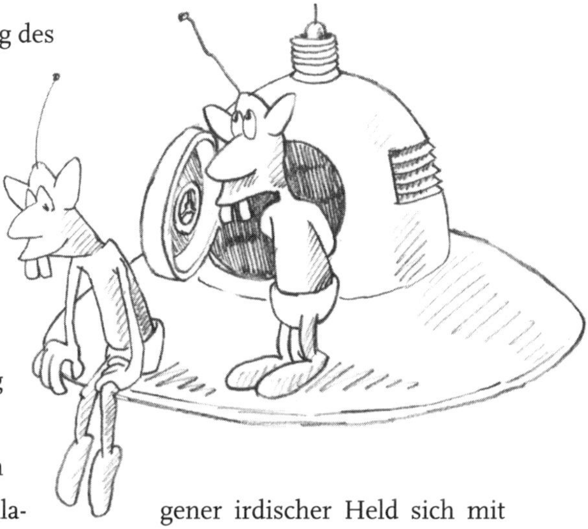

Eine mögliche Lösung des Rätsels ist: Der amerikanische Sciencefiction-Autor Edgar Rice Burroughs (der später die Tarzan-Geschichten erfand) schrieb vor dem Ersten Weltkrieg einen Zyklus aus elf Romanen, in dem ein auf den Mars verschlagener irdischer Held sich mit fünf Meter großen, grausamen und vor allem grünen Männchen auseinandersetzen muss. In Deutschland blieben diese Romane ziemlich unbekannt, aber in den Vereinigten Staaten beeinflussten sie das Marsianer-Bild vieler Menschen.

Der amerikanische Ufologe Harold Sherman hat dann 1946 und 1947 in der einschlägigen Zeitschrift „Amazing" zwei Geschichten über Marsianer veröffentlicht, nämlich „The Green Man" und „The Green Man returns". Seine Hauptpersonen sind ebenfalls grün, außerdem aber auch klein. Diese Geschichten schlugen so ein, dass sie für Jahre unser Bild von Außerirdischen prägten. Im Jahr 1967 bezeichnete die britische Radioastronomin Jocelyn Bell daher die regelmäßigen und zunächst unerklärlichen Radiosignale eines Pulsar-Sterns als „LGM" (Little Green Men). Und später erfand der Comic-Zeichner Pat Mallet seine sexbesessenen grünen Ufo-Piloten.

Besonders beliebt hat sich Harold Sherman mit seinen Romanen bei den SF-Fans übrigens nicht gemacht. In Zukunft soll es vielmehr einen „Little Green Man Award" geben als „Preis" für „herausragende Ahnungslosigkeit auf dem Gebiet der Sienceficion".

# Am HEISSESTEN ist die Sonne an ihrer Oberfläche

Ein gewaltiger Ball aus glühenden Gasen erleuchtet unseren Tag. Ständig steigen heiße Gasmassen aus der Tiefe empor, geben an der Oberfläche brodelnd Wärme und Materie ab und sinken wieder ins Sonneninnere. Spezialfernrohre zeigen die aufsteigenden Gasballen als körnige Struktur – und jedes dieser Körnchen ist größer als der ganze Erdball **(Achtung: Schauen Sie niemals mit einem ungeschützten Fernglas oder Fernrohr in die Sonne, Sie würden sofort blind!)**. Diese kochende Sonnenoberfläche nennt man „Photosphäre“, denn sie sendet Licht und Wärme aus, von der alles Leben auf Erden zehrt. Sie ist sehr heiß, rund 5600 Grad Celsius. Jede Materie, die wir kennen, würde bei dieser Gluthitze sofort verdampfen.

Dennoch ist die Oberfläche fast der kühlste Ort auf der Sonne. Nur die Sonnenflecken, die dunkleren Gebiete der Oberfläche, sind noch etwas „kälter“ – auch sie erreichen aber immer noch rund 3500 Grad. Stößt man dagegen ins Sonneninnere vor, steigen die Temperaturen. Im Kern herrschen unvorstellbare 15 Millionen Grad. Das Eigengewicht der Gasmassen baut dort zudem einen gigantischen Druck auf, der etwa dem 200milliardenfachen des irdischen Luftdrucks entspricht. Doch diese höllischen Bedingungen sind letztlich lebensspendend: Denn dort läuft die Kernfusion ab, mit der die Sonne ihre – und damit unsere – Energie produziert. Pro Sekunde verwandelt sie dort rund vier Millionen Tonnen Masse in Strahlung!

Man könnte meinen, dass die über der Photosphäre liegenden Gasschichten nach außen, zum kalten Weltraum hin, immer kälter werden, doch dem ist nicht so. Die dickste dieser Schichten ist die Korona, die eigentliche Sonnenatmosphäre. Sie reicht mehrere Sonnendurchmesser weit in den Weltraum hinein, besteht aus dünnem Gas und leuchtet vergleichsweise schwach, weshalb sie nur bei totalen Sonnenfinsternissen als Strahlenkranz um die Sonne sichtbar wird. Doch diese Korona ist unglaublich heiß: ein bis zwei Millionen Grad. Bis heute ist nicht klar, wieso hier das Gas eine so viel höhere Temperatur hat als die Sonnenoberfläche selbst.

## Die HELLSTEN Sterne stehen uns am nächsten

Je weiter eine Lampe weg ist, desto weniger hell nehmen wir sie wahr. Diese Alltagsbeobachtung verleitet zu der Folgerung, dass die hellen Sterne in unserer Nähe stehen und die lichtschwächeren in größerer Distanz. Grundsätzlich ist es natürlich korrekt, dass die Helligkeit eines Sterns mit seiner Entfernung abnimmt. Nur: Nicht alle Sterne sind gleich hell. Es gibt unter ihnen kolossale Unterschiede.

In der Praxis haben Sternentfernung und -helligkeit daher wenig miteinander zu tun. Unter den 20 sonnennächsten Sternen sind nur sieben, die man mit bloßem Auge wahrnehmen kann; nur drei davon sind wirklich hell (Alpha Centauri, Sirius und Prokyon). Die 20 hellsten Sterne wiederum verteilen sich auf einen Entfernungsbereich zwischen vier (Alpha Centauri) und 2600 Lichtjahren (Deneb im Schwan). Allerdings steht uns der bei weitem hellste Fixstern unseres Himmels natürlich weitaus am nächsten: unsere Sonne.

## Alle Planeten wurden zufällig am HIMMEL entdeckt

Nein. In der Tat gibt es einen Planeten, der nicht zufällig, sondern ganz gezielt entdeckt wurde und zwar zunächst mit Zettel und Bleistift: Es handelt sich um den Planeten Neptun. Klar – bewiesen ist die Existenz eines Planeten erst, wenn mehrere unabhängige Beobachter ihn am Himmel gesehen haben und dank ihrer Aufzeichnungen seine Bahn berechnet werden kann. Aber im berühmten Fall des Planeten Neptun wurde seine Position erst berechnet und danach am Himmel beobachtet.

1781 hatte der Musiker und Hobby-Astronom Friedrich Wilhelm Herschel den Planeten Uranus entdeckt, den ersten neuen Planeten seit Tausenden von Jahren. Doch der Neuling gab Rätsel auf: Er hielt sich nicht an die vorausberechnete Umlaufbahn. Je mehr Zeit verstrich, desto größer wurde die Abweichung zwischen kalkulierter und beobachteter Position am Himmel. Zweifel kamen auf, ob die eigentlich bekannten und bewährten Gesetze der Planetenbewegung in jener riesigen Entfernung von der Sonne noch gelten. Einige Astronomen propagierten eine andere Erklärungsmöglichkeit: einen bisher unentdeckten weiteren Planeten in noch größerer Entfernung, der mit seinem Schwerkrafteinfluss die Bahn des Uranus verändert.

Zwei Astronomen, John Couch Adams in England und Urbain Leverrier in Frankreich, machten sich an ein Mammutprojekt: Sie wollten aus den Bahnstörungen die Position dieses Planeten X berechnen. Das war – ohne Computer und moderne Rechenhilfsmittel – eine Aufgabe für viele Monate. Zudem konnte ein winziger Rechenfehler in dem Zahlenwust alles verderben. Keiner wusste vom anderen, und so war ihnen nicht klar, dass sie sich auf ein wissenschaftliches Wettrennen gegeneinander eingelassen hatten.

Gewonnen hat es schließlich Leverrier, weil er früher als sein Gegner ein Ergebnis veröffentlichte. Nur – seine französischen Kollegen wollten es nicht recht glauben. So wandte er sich an den Astronomen Johann Gottfried Galle von der Berliner Sternwarte mit der Bitte, den fraglichen Himmelsausschnitt nach dem Planeten X zu durchsuchen. Der kam dem Wunsch prompt nach – und wurde binnen weniger Tage fündig. Fast genau an der vorausberechneten Stelle zeigte sich ein bläuliches Scheibchen, schon mit einem bescheidenen Fernrohr gut erkennbar. Neptun, nach dem römischen Gott des Meeres, schien ein angemessener Name für ihn zu sein.

Wie sich später herausstellte, war Galle nicht einmal der erste Neptunbeobachter. Als dessen Bahn bekannt war, berechnete man frühere Positionen und überprüfte daraufhin alte Aufzeichnungen. Tatsächlich hatten schon mehrere Astronomen den Neptun gesehen, darunter der Italiener Galileo Galilei. Doch sie alle hatten ihn für einen Fixstern gehalten und so eine Superchance verpasst.

## Alle HIMMELSkörper sind Kugeln

Die Erde, das hat sich mittlerweile herumgesprochen, ist keine Scheibe. Auch die Gestirne, die wir mit bloßem Auge sehen können – Sonne, Mond, Planeten, Sterne – sind kugelförmig. Doch die meisten Mitglieder unseres Sonnensystems sind von der Kugelform weit entfernt.

Blicken wir etwa fünf Milliarden Jahre zurück. An der Stelle unseres Sonnensystems rotiert eine Staubwolke, die sich unter ihrer eigenen Schwerkraft immer mehr zusammenzieht. Der größte Teil der Materie ballt sich zur Sonne zusammen. Der Rest formt sich zu kleinen und größeren Brocken, die die Sonne umkreisen und oft miteinander kollidieren. Dabei bilden sich nach und nach die großen Planeten und Monde, die dank ihrer Schwerkraft immer weitere Brocken anziehen und wachsen. Ab einer gewissen Größe formt sie ihre eigene Schwerkraft zu Kugeln.

Aber es gibt – noch heute – eine Menge von Körpern, die nicht die dazu nötigen Ausmaße erreicht haben: die Planetoiden oder Asteroiden, die vorwiegend zwischen den Bahnen von Mars und Jupiter um die Sonne ziehen. Die meisten messen nur ein paar Meter oder erreichen bestenfalls einige Kilometer Größe. Nur wenige bringen es auf immerhin ein paar hundert Kilometer – immer noch nicht genug, um eine Kugelform auszubilden.

Von der Erde aus sind die Brocken wegen ihrer Mini-Maße nicht gut zu beobachten. Erst die Nahaufnahmen, die die Raumsonden zur Erde funkten, zeigen das abenteuerliche Aussehen mancher dieser Klein- und Kleinstplaneten. Keiner ist annähernd rund. Sie ähneln eher riesigen Feldsteinen mit ganz zufälligen Formen, die von diversen überstandenen kosmischen Katastrophen zeugen.

Der Marsmond Phobos, offenbar ein vom Mars eingefangener ehemaliger Planetoid, sieht aus wie eine Kartoffel. Der Asteroid Eros wurde als „fat banana“ bezeichnet und der Kleinplanet Cleopatra gleicht einem Hundeknochen. Manche sind länglich, anderen sieht man an, dass sich hier einst zwei oder drei Brocken verbanden. Einige bestehen auch nur aus einem lockeren Konglomerat von Felstrümmern. Und alle haben eine kraterzernarbte Oberfläche von einem „Trommelfeuer“ kleinerer Brocken.

## Kometen ziehen ihren Schweif HINTER sich her

Die meiste Zeit ihrer Existenz sind Kometen einfach „schmutzige Schneebälle“ aus Eis und Staub, die durchs kalte All rasen. Erst wenn ein Komet auf unser Zentralgestirn zueilt und dessen Wärme spürt, entwickelt er einen Schweif und scheint ihn hinter sich her zu ziehen. Wenn er dann allerdings die Sonne umrundet hat und in Richtung äußeres Sonnensystem davonzieht, schiebt er seinen Schweif eher vor sich her.

Schon der Mathematiker Apianus aus Ingolstadt entdeckte im 16. Jahrhundert: Wie sich ein Komet auch bewegt, sein Schweif ist immer von der Sonne weg gerichtet. Es ist wie bei einem Dampfer, dessen Rauchfahne nicht von seiner Bewegungsrichtung bestimmt wird, sondern von der Windrichtung. Nur – wie soll im luftleeren Weltraum ein Wind wehen?

Des Rätsels Lösung fand um 1950 der deutsche Astrophysiker Ludwig Biermann, und seine Theorie wurde später von Raumsonden bestätigt. Danach stößt die Sonne außer Licht auch einen steten Strom kleinster Materieteilchen aus, den „Sonnenwind“.

Wie bildet sich überhaupt ein Kometenschweif? In Sonnennähe verdampft die Sonnenwärme das Eis des Kometenkerns und setzt Staub frei. Gasmoleküle und Staubkörnchen bilden zunächst eine Wolke um den Kometenkern. Der Sonnenwind reißt nun wie ein irdischer Wind die Gasmoleküle mit, so dass sie eine lang gezogene Wolke von mehreren Millionen Kilometern Länge bilden. Die energiereiche Strahlung der Sonne regt sie zudem, vergleichbar dem Gas in einer

Neonröhre, zum Leuchten an. Der Strahlungsdruck des Sonnenlichts treibt auch die Staubteilchen von der Sonne weg. So entsteht ein breiter, prächtiger Kometenschweif.

Wenn wieder einmal das Erscheinen eines großen Kometen angekündigt wird, sollten Sie sich das nächtliche Schauspiel nicht entgehen lassen. Sie können dann auch gleich einen weiteren verbreiteten Irrtum korrigieren: Anders als Meteoriten rasen Kometen nicht über den irdischen Himmel, sondern verändern ihre Position gegen die Fixsterne nur im Laufe von Tagen.

## Galaxien sind IMMER Spiralnebel

Ein gewaltiger leuchtender Diskus aus Milliarden von Sternen, mit einem hellen Zentralbereich, umschlungen von mehreren Spiralarmen – das ist das typische Bild, das man sich von einer Galaxie macht. Es ist nicht direkt falsch – Milliarden von Galaxien im All bieten diesen Anblick. Aber längst nicht alle.

Schon der amerikanische Astronom Edwin P. Hubble, der in den 1920er Jahren mit dem damals größten Teleskop den Himmel nach Galaxien durchmusterte, fand mehrere Erscheinungsformen, die er in Form der „Hubble-Stimmgabel“ schematisch anordnete. Sie wird mit kleinen Modifikationen noch heute benutzt.

Den Griff dieser Stimmgabel bilden die „elliptischen Galaxien“. Sie lassen keine Spiralarme erkennen, sondern zeigen sich als kugelige oder flache Wolken aus Sternen. Hubble hielt sie für die ältesten Typen. Diese Auffassung gilt heute allerdings als widerlegt: Je jünger ein Galaxienhaufen ist, desto mehr elliptische Galaxien enthält er; in jungen Haufen machen sie rund 75 Prozent aus. Man nimmt heute an, dass sie vielfach durch Kollisionen von Spiralgalaxien entstanden sind; dabei wurde die Spiralstruktur beider Beteiligter zerstört.

Die Spiralgalaxien hat Hubble in den beiden Zinken seiner Stimmgabel untergebracht, und zwar in zwei unterschiedlichen Bauformen. Eine Zinke enthält die „normalen" Spiralgalaxien mit mehr oder weniger stark aufgewickelten Spiralarmen um den runden, verdickten Zentralbereich. Unser großes Nachbarsystem, die Andromeda-Galaxie, gehört zu diesem Typ.

Die andere Zinke bilden „Balkenspiralen". Ihr Zentralbereich hat die Form eines geraden Balkens, und aus dessen Enden „entspringen" die Spiralarme. Es gibt Hinweise, dass auch unsere Milchstraße in diese Kategorie gehört, allerdings ist ihr Zentralbereich wohl nur in geringem Maße balkenförmig.

Schließlich gibt es noch zwei Galaxientypen, die in Hubbles Stimmgabel keinen Platz finden: die „Quasare" mit einem sehr hellen, höchst turbulenten Kern, und die irregulären Galaxien, die einen völlig ungeordneten Anblick bieten und nur vereinzelt Spuren von Balken- oder Spiralstrukturen erkennen lassen. Unsere Nachbargalaxien, die beiden Magellanschen Wolken, werden zu dieser Klasse gerechnet.

## Leben entwickelt sich stets in Richtung INTELLIGENZ und technische Zivilisation

Man versteht die Evolution falsch, wenn man ihr ein Ziel unterstellt. Evolution heißt stets nur Anpassung an die jeweilige Umwelt, und zwar mit den jeweils verfügbaren Mitteln. Natürlich kennen wir nur ein Beispiel einer evolutionären Entwicklung, nämlich das irdische. Aber wenn es überhaupt auf anderen Planeten eine Evolution gibt, sind mit Sicherheit alle Schritte der verschiedenen Evolutionswege anders, und erst recht das Ergebnis.

Schon auf der Erde führt keineswegs ein direkter Weg vom ersten Mehrzeller zum Menschen. Im Gegenteil: Diese Entwicklung ist von zahllosen Zufällen geprägt; an jeder Stelle hätte die Entwicklung auch eine andere Richtung einschlagen können.

Auch die Entstehung höherer Intelligenz (wenn wir denn welche haben ...) ist keineswegs selbstverständlich. Millionen von Tierarten kommen mit vergleichsweise kleinen Hirnen gut über die Runden.

Noch weniger wahrscheinlich ist das Aufkommen einer technischen Zivilisation, für die auch die körperlichen Voraussetzungen gegeben sein müssen. Denn neben Intelligenz sind dafür auch so etwas wie Greiforgane nötig. Delfinähnliche Wesen zum Beispiel mögen noch so schlau sein, mit Flossen und unter Wasser kann man keine Metalle bearbeiten und Werkzeuge herstellen.

Und eine Zivilisation mit hoch entwickelter Technik, mit Computer und Radioteleskopen? Die ist sogar auf der Erde nur einmal entstanden, nämlich in der westlichen Kultur. Offenbar waren in dem Zeitrahmen, den wir heute überblicken, nur hier die zahlreichen dazu nötigen gesellschaftlichen Bedingungen günstig. Andere Völker, etwa Chinesen und Araber, hatten gute Voraussetzungen, haben sie dann aber nicht weiter verfolgt.

## Die INTERnationale Raumstation ist mit bloßem Auge nicht zu sehen

Im Gegenteil: Sie ist zwar mit rund 380 Kilometer Bahnhöhe ziemlich weit weg für ein so kleines Objekt. Aber dafür glänzen ihr Körper und ihre gewaltigen Sonnensegel, die zur Stromversorgung dienen, im Sonnenlicht. Sie zeigt sich daher am Himmel als heller Lichtfleck, fast so hell wie die Venus. Und man kann sie sofort erkennen, weil sie sich schnell bewegt und binnen weniger Minuten über den Nachthimmel zieht. Immerhin benötigt sie mit ihrem 28 000-Stundenkilometer-Tempo für eine Erdumrundung nur etwa 90 Minuten. Allerdings taucht sie nur in größeren Abständen über einem bestimmten Ort auf, weil sie auf ihrer Bahn immer unterschiedliche Regionen überfliegt. Wer wissen will, wann sie wieder von seiner Stadt aus sichtbar ist, kann auf der (leider englisch gehaltenen) Website *http://www.heavens-above.com* des Deutschen Zentrums für Luft- und Raumfahrt nachschauen.

## Auf dem Mars gibt es KANÄLE

Etwa alle 26 Monate kommen sich Erde und Mars besonders nahe, und dann richten sich viele Teleskope auf den roten Planeten. So war es auch 1877. Bei dieser Marsannäherung entdeckte der italienische Astronom Giovanni Virginio Schiaparelli von der Sternwarte Mailand etwas Seltsames: feinste Linien, die er „canali“ nannte. Diese Bezeichnung bedeutet im Italienischen etwa Fluss, Rinne, Kanal – also nicht unbedingt eine künstliche Wasserstraße. Mit seiner Wortwahl stand Schiaparelli in einer alten Tradition der Astronomen. Auch auf dem Mond heißen ja die dunklen Flecken „Meere“, ohne dass es sich wirklich um Wasserflächen handelt. Schiaparelli zeichnete in seine Marskarte ein ganzes Netz solcher „canali“ ein.

Auch andere bekannte Astronomen sahen diese Gebilde. Allerdings waren sie skeptisch: Existierten diese Linien wirklich oder waren sie vielleicht doch Beobachtungsfehler? Schiaparelli teilte diese Skepsis durchaus, und er wollte diese Strukturen auch nicht unbedingt als echte „Kanäle“ verstanden wissen. Doch der Begriff ging nun durch alle Zeitungen und gewann fortan ein Eigenleben.

Im 19. Jahrhundert waren viele Menschen davon überzeugt, dass auch andere Planeten bewohnt seien, vor allem der Mars. Nach dem damaligen Kenntnisstand sprach auch wenig dagegen. Ein besonders eifriger und überzeugter Verfechter dieser These war der amerikanische Astronom Percival Lowell. Er baute 1894 sogar eigens eine Sternwarte in Arizona speziell zur Marsbeobachtung und veröffentlichte populäre Artikel und Bücher, in denen er für seine Meinung warb. Seinen Millionen begeisterten Lesern stellte er den Mars als zunehmend austrocknenden Planeten vor, der nur noch an den weißen, von der Erde aus sichtbaren Polkappen Wasser besäße. Intelligente, uns technisch überlegene Marsbewohner hätten den Planeten deshalb mit einem Netz von Kanälen überzogen, um das Wasser zur künstlichen Bewässerung zu verteilen. Die dunklen Flecken, die man bisweilen in bestimmten Regionen

beobachtete, seien Pflanzen, die dank dieses Wassers wüchsen. Die Öffentlichkeit war in jenen Jahren von der Existenz der Marsbewohner überzeugt. Manche Beobachter hatten Helligkeitsänderungen auf dem Mars gesehen, die sie als Botschaften deuteten. Der Elektrotechniker Nikola Tesla versuchte, mit gewaltigen Hochspannungsmaschinen elektrische Signale ins All zu senden und behauptete, er habe Antwort vom Mars bekommen. Und der britische Autor Herbert George Wells schrieb einen Bestseller über den „Krieg der Welten“, nämlich den Angriff bösartiger, technisch überlegener Marswesen auf die Erde. Nur deren Anfälligkeit für irdische Bakterien rettet darin unseren Planeten.

Die meisten anderen Astronomen teilten allerdings weder die Meinung der Öffentlichkeit, noch waren sie von den Marskanälen überzeugt. Und sie behielten recht: Bessere Teleskope entlarvten die Marskanäle bald als optische Täuschungen. Und heute wissen wir dank der Raumsonden, dass der Mars zwar in seiner Jugend Wasser besessen haben mag, heute aber eine rote Staubwüste ist – und mit Sicherheit kein hoch entwickeltes Leben trägt.

## Stehen alle Planeten in einer Reihe, sind KATASTROPHEN zu erwarten

Weltuntergangspropheten haben in schwierigen Zeiten Konjunktur – und eigentlich sind die Zeiten ja immer schwierig. Kein Wunder also, dass sie ständig ihren Unfug verbreiten und versuchen, damit Geld zu machen.

Beliebt ist etwa die Vorhersage von Erdbeben und anderen Naturkatastrophen, wenn einige große Planeten in gerader Reihe mit Sonne und Erde stehen. Die Schwerkrafteinflüsse, so prophezeien sie gerne, würden verstärkt Explosionen auf der Sonne hervorrufen, mit gefährlichen Folgen für die Erde. Es könne sogar passieren, dass die Erdachse kippt, Vulkane ausbrechen, die Erde bebt und Staudämme bersten.

Neu ist dieses Thema gerade nicht. Schon für den 15. September 1186 hatten Sterndeuter verheerende Katastrophen angekündigt, weil da einige Planeten ungefähr in gleicher Richtung am Himmel standen. Wobei „ungefähr" in diesem Fall elf Winkelgrade umfasste, immerhin 22 Vollmondbreiten. Passiert ist aber nichts, ebenso wenig wie etwa 1982 und 2000. Nicht einmal 1953 waren Folgen zu spüren, als sich die Planeten auf einem Fleck von nur acht Vollmondbreiten am Himmel versammelten.

Eigentlich auch kein Wunder: Die fünf mit bloßem Auge sichtbaren Planeten stehen etwa alle 57 Jahre wenigstens ungefähr in der gleichen Richtung. Das heißt aber nicht, dass sie sozusagen ihre Kräfte auf die Erde „bündeln" könnten. Selbst die Schwerkraftwirkung des Riesenplaneten Jupiter auf die Erde ist minimal. Denn die Schwerkraft nimmt mit steigender Entfernung rasch ab, und Jupiter ist selbst bei größter Annäherung immer noch rund viermal weiter von uns entfernt als die noch weit größere Sonne. Es ist leicht zu errechnen, dass die Anziehungskraft der Sonne auf die Erde rund 5000-mal stärker ist als die aller Planeten zusammen. Wegen seiner Nähe ist sogar die Wirkung unseres kleinen Mondes immer noch doppelt so stark wie die der Sonne. Also: Kein Grund zur Panik.

## Im KLEINPLANETENgürtel schwirren die Brocken dicht an dicht

Man kennt es aus Sciencefiction-Filmen: Vor dem Raumschiff taucht plötzlich eine Wolke aus Hunderten langsam rotierender, abenteuerlich geformter Felsbrocken auf. Irgendjemand schreit:

„Vorsicht, ein Asteroidenschwarm!“ Aber natürlich steuert der tollkühne Pilot sein Schiff ohne Kollision durch die Wolke aus Felsen hindurch.

In Wirklichkeit muss ein Raumschiffpilot schon etwas Glück haben, damit er auf seinem Weg durch unseren Kleinplaneten- oder Planetoidengürtel überhaupt einen Brocken sichtet. Die Masse aller Planetoiden (oder Asteroiden, wie sie auch genannt werden) zusammen beträgt nur fünf Prozent von der unseres Mondes, wobei die fünf größten Asteroiden schon fast die Hälfte der Gesamtmasse einbringen. Und sie verteilen sich auf einen gewaltigen Raum. Die meisten findet man im Bereich zwischen den Bahnen von Mars und Jupiter, einige aber ziehen regelmäßig in die Nähe der inneren Planeten (auch der Erde) oder in die äußeren Regionen des Sonnensystems.

Die größeren Planetoiden mit Durchmessern über 200 Kilometer kennen wir gut; es sind auch nur 26. Weniger bekannt sind die kleinen bis herunter zu etwa einem Kilometer Durchmesser; man schätzt, dass es davon rund eine Million gibt.

Bei grober Abschätzung kommt man auf einen durchschnittlichen Abstand von mehr als drei Millionen Kilometer zwischen zwei solchen Körpern. Jeder ist von seinem Nachbarn also etwa achtmal so weit entfernt wie der Mond von der Erde. Da sollte sich selbst ein weniger geübter Pilot einen Weg hindurch bahnen können.

**KOMETEN bringen Unglück** Das dachten breite Volksschichten bis in die frühe Neuzeit. In schwierigen Zeiten, als Hungersnöte, Seuchen und Kriege die Menschen erschreckten, galten die auffällig am Himmel stehenden Schweifsterne als „Zornruten Gottes" und als Vorboten von Unglücken.
Richtig angeheizt wurde diese abergläubische Furcht von den ersten Druckschriften. Unter diesen befanden sich nämlich viele Flugblätter, die weite Verbreitung fanden. Man kann sie als Vorläufer heutiger Boulevardzeitungen ansehen, denn es ging ihnen vor allem um lukrative Befriedigung der Sensationslust, weniger um die Wahrheit. Schauergeschichten verkauften sich schon damals gut, und da-

her wurde jede Kometenerscheinung gebührend ausgeschlachtet. Das hörte erst auf, als Anfang des 18. Jahrhunderts der englische Astronom Edmond Halley nachwies, dass Kometen Mitglieder unseres Sonnensystems sind und auf berechenbaren Bahnen dahinziehen. Leider erlebte Halley die von ihm vorhergesagte Wiederkehr des „Halleyschen Kometen" nicht mehr. Er starb 17 Jahre vorher. Ausgerechnet zur Wiederkehr „seines" Kometen 1910 aber blühte die Kometenfurcht noch einmal auf. Einige Jahre zuvor hatte man nämlich nachgewiesen, dass Kometenschweife Giftgase wie Cyan enthalten. Zudem hatte man berechnet, dass die Erde diesmal einige Stunden lang durch den Schweif des Kometen wandern würde. Beides zusammen löste reißerische Zeitungsberichte aus, in denen unter Berufung auf diese Forschungsergebnisse das Ende der Welt prophezeit wurde: Die Kometengase würden die irdische Lufthülle und damit alle Lebewesen vergiften. Wieder einmal hatten die Angstmacher Konjunktur. Viele Menschen bereiteten sich auf ihr Ende vor oder deckten sich mit „Anti-Kometengift-Pillen" ein, die ihnen Geschäftemacher andrehten. Natürlich passierte gar nichts: Die Gase in einem Kometenschweif sind extrem verdünnt. Gefährlich kann ein Komet nach heutiger Kenntnis nur werden, wenn er direkt auf die Erde stürzt – und das geschieht zum Glück sehr selten.

## KOPERNIKUS konnte die Planetenpositionen genauer vorhersagen als das alte erdzentrierte Weltmodell

Leider nicht. Sein Modell mit der Sonne im Zentrum des Planetensystems wäre bestimmt weit besser aufgenommen worden, wenn man mit den Formeln des Kopernikus die Positionen der Gestirne am Himmel genauer hätte berechnen können. Denn das war schon damals nicht nur ein akademisches Problem, sondern auch von praktischem Interesse, etwa für die Navigation auf den Weltmeeren – und auch für die Kirche wichtig, um einen zuverlässigen Kalender zu erstellen.

Kopernikus war von seinem Modell vor allem deshalb überzeugt, weil es grundsätzlich klarer war. Es erklärte manche Beobachtungen weit einfacher, etwa warum Merkur und Venus stets in Sonnennähe bleiben oder Mars, Jupiter und Saturn eigenartige Schleifenbewegungen am Himmel ausführen. Doch als er versuchte, auf der Grundlage seines Modells die Planetenpositionen zu ermitteln, stimmten berechnete und beobachtete Planetenörter bei weitem nicht überein. So musste er doch wieder, wie die Astronomen vor ihm, allerlei hypothetische Konstrukte für sein Weltmodell erfinden, um damit Theorie und Realität zusammenzuzwingen.

Was er nicht wusste: Sein Modell war im Grunde richtig, aber falsch in zwei Details. Wie alle Astronomen vor ihm war Kopernikus von kreisförmigen Planetenbahnen ausgegangen. Und er hatte im Einklang mit allen Kollegen angenommen, die Wandelsterne zögen mit gleichmäßigem Tempo dahin. Erst Jahrzehnte später erkannte der Astronom Johannes Kepler aus Weil der Stadt, dass die Planeten elliptische Bahnen beschreiben und ihre Geschwindigkeit dabei regelmäßig verändern. Nun konnte Kepler die Planetenpositionen mit weit höherer Genauigkeit als alle Astronomen zuvor vorausberechnen – und verhalf so dem System des Kopernikus zum Durchbruch.

## Nur unser Mond hat KRATER

Ein Feldstecher, erst recht ein Fernrohr, zeigt eine Fülle von Kratern auf unserem Trabanten. Die Fotos der Raumsonden haben uns gezeigt, dass auch die Mondrückseite reich an solchen Einschlagkratern ist

– Zeugen eines jahrmilliardenlangen Meteoritenbombardements. Mond und Krater – sie scheinen zusammenzugehören.

Doch nicht nur den Mond trafen Meteoriten. Sie regneten auf alle Körper im Sonnensystem. Gehen wir es einmal durch. Bei der Sonne ist natürlich Fehlanzeige: Einstürzende Brocken verdampfen sofort. Aber schon der innerste Planet Merkur ist kraterzerfurcht wie unser Mond. Auf der Venus scheint es nur sehr große Krater zu geben; ihre dichte Atmosphäre bremst vermutlich Kleinmeteoriten aus. Auch die Erde besitzt Einschlagkrater, teils mit mehreren hundert Kilometern Durchmesser. Rund 150 Krater sind sicher bekannt, aber es werden ständig weitere entdeckt. Allerdings sind irdische Krater nach Jahrmillionen nur noch mit Spezialgeräten erkennbar, weil Wind und Wetter sie einebnen. Auch die Marskrater werden mit der Zeit zum Teil verweht, es sind aber noch viele zu sehen.

Krater finden sich selbst auf den Kleinplaneten. Der Marsmond Phobos zum Beispiel, ein eingefangener Planetoid von etwa 22 Kilometern Länge, hat einen zehn Kilometer großen Krater – erstaunlich, dass der Einschlag ihn nicht gesprengt hat.

Dagegen ist die gasförmig-flüssige Oberfläche der großen Planeten Jupiter, Saturn, Uranus und Neptun nicht so beschaffen, dass sie Krater bewahrt. Und von Plutos Oberfläche wissen wir nichts Genaues, aber es gibt dort höchstwahrscheinlich ebenfalls Krater.

Mondlandschaften, das zeigt diese Übersicht, sind im Sonnensystem also eher die Regel als die Ausnahme.

## Die Planeten KREISEN um die Sonne

Neue Weltbilder haben es schwer. Nikolaus Kopernikus konnte zunächst längst nicht alle Wissenschaftler überzeugen von seinem „heliozentrischen“ Planetensystem mit der

Sonne im Mittelpunkt und den um sie kreisenden Planeten. Einer der wichtigsten Gründe: Vorausberechnungen der Planetenpositionen auf der Grundlage seines Systems ergaben keine besseren Werte als solche auf der Basis des alten geozentrischen Modells.

Es bedurfte dreier wichtiger Entdeckungen, um das geozentrische Modell zu kippen. 1610 beobachtete der italienische Naturforscher Galileo Galilei den Jupiter erstmals durch ein Fernrohr und entdeckte vier Monde, die ihn umkreisen – es gab also tatsächlich Himmelskörper, die nicht die Erde umrunden. Bald beobachtete er auch, dass die Venus Phasen zeigt wie unser Mond, was mit dem alten Weltmodell kaum zu erklären war. Vor allem aber kam der Mathematiker Johannes Kepler darauf, dass die Planeten keineswegs kreisförmige Bahnen beschreiben.

Schon die griechischen Philosophen waren von kreisförmigen Bahnen überzeugt gewesen, einfach weil sie den Kreis für die vollkommenste Form hielten, und spätere Gelehrte hatten das nicht angezweifelt. Kepler aber kam bei der Auswertung genauer Beobachtungsdaten darauf, dass die Planetenbahnen in Wirklichkeit Ellipsen sind. Zwischen 1609 und 1619 erarbeitete er die drei grundlegenden Gesetze der Umlaufbahnen, die heute als „Keplersche Gesetze" bekannt sind. Als man diese Gesetze zur Grundlage von Bahnberechnungen machte, erwiesen sich diese als bemerkenswert exakt – und damit als stärkste Stütze für das neue Weltbild.

## Die Erde ist eine KUGEL

Na ja, auf den ersten Blick schon. Aber wenn man genau hinschaut, ist sie doch ein ziemlich einzigartig geformtes Gebilde.

Zunächst einmal hat sie einen dicken Bauch, und zwar gerade weil sie sich viel bewegt. Die Massenträgheit hat nämlich zusammen mit der Erdrotation den Äquatorbereich ausgebeult. Dafür sind die Pole abgeplattet. Der von Pol zu Pol gemessene Erddurchmesser ist daher um volle 42 Kilometer kürzer als der Durchmesser am Äquator. Es gibt aber noch weitere kleinere Verformungen. Denn es gibt Regionen, wo die Erdschwerkraft etwas stärker ist, und andere mit geringerer Schwerkraft. Der Meeresspiegel liegt daher keineswegs überall auf der Erde jeweils auf gleicher mittlerer Höhe, so dass man ihn als Referenz verwenden könnte. Daher hat man als Bezugsfläche für Höhenmessungen eine gedachte Fläche festgelegt (das „Geoid"), die diese Einflüsse berücksichtigt. Sie entspricht etwa dem Wasserstand, der sich einstellen würde, wenn die ganze Erde von Wasser bedeckt wäre und weitere Kräfte wie Gezeiten und Winde außer Acht gelassen würden.

Gemessen wird die unterschiedliche Schwerkraft mit Hilfe von Satelliten. Ihre Bahn verändert sich geringfügig je nach der jeweiligen Erdanziehungskraft, und das kann man mit Hilfe von Laserlichtstrahlen auf ein bis zwei Zentimeter genau feststellen.

Generell gilt: Das Geoid ist keine Kugel. Betrachtet man Bilder von dieser Figur, fühlt man sich eher an einen zerknautschten Ball mit zahlreichen Beulen und Dellen erinnert (im Internet etwa unter *http://www.gfz-potsdam.de/pb1/pg3/grim/anim-pot-2002/animated-potato-d.html*). Die Differenzen zwischen Beulen und Dellen betragen immerhin fast 200 Meter.

## Ein LICHTjahr ist eine lange Zeit

Wenn manche Romanautoren eine besonders lange Zeitspanne darstellen wollen, vergreifen sie sich bisweilen an der Astronomie: „Es dauerte Lichtjahre, bis er sie endlich wieder in seine Arme schließen konnte ..."

L

Voll daneben! Denn ein Lichtjahr ist trotz des Namens keine Zeitspanne, sondern eine Längenangabe. Es ist die Strecke, die ein durchs leere All flitzender Lichtstrahl binnen eines Jahres zurücklegt. Weil Licht schnell ist – die Geschwindigkeit des Lichtes ist die höchstmögliche Ausbreitungsgeschwindigkeit überhaupt – stellt ein Lichtjahr für irdische Verhältnisse eine ziemlich lange Strecke dar. Ein Lichtblitz legt pro Sekunde 300 000 Kilometer zurück. Er könnte also in dieser Zeit mehr als siebenmal um den Äquator sausen. In den rund 31 Millionen Sekunden eines Jahres legt er daher 9500 Milliarden Kilometer zurück – und diese Strecke nennt man ein Lichtjahr. Für die Astronomen, die mit den gewaltigen Distanzen im All zu rechnen haben, ist ein Lichtjahr eine handliche Größe. Der nächste Stern ist von unserer Sonne rund 4,3 Lichtjahre entfernt. Zum Zentrum unserer Milchstraße beträgt die Entfernung bereits über 26 000 Lichtjahre. Um unsere Nachbarmilchstraße, die Andromeda-Galaxie, zu besuchen, müssten wir eine Reise von 2,7 Millionen Lichtjahren unternehmen. Und das Licht der fernsten bisher beobachteten Galaxie ist schon seit über 13 Milliarden Jahren unterwegs, wenn es bei uns eintrifft. Als es ausgesandt wurde, gab es Sonne und Erde noch längst nicht, wahrscheinlich nicht einmal unsere Milchstraße.

# Im Mond ist ein alter MANN zu sehen

Er hat nämlich, so schreibt es Ludwig Bechstein in seinem Märchen, am heiligen Sonntag Reisig gesammelt. Als ein unbekannter Mann ihm die verbotene Sonntagsarbeit vorhielt, zeigte er sich verstockt: „Sonntag auf Erden oder Mondtag im Himmel, was geht mich das an?“ Was er nicht wusste: Dieser Unbekannte sei, so Bechstein, Gott persönlich gewesen. So wurde der Sünder samt seinem Reisigbündel prompt strafversetzt, und zwar „für ewiglich“ in den Mond. Dort sähe man ihn, immerfort sein Reisig schleppend, noch heute.

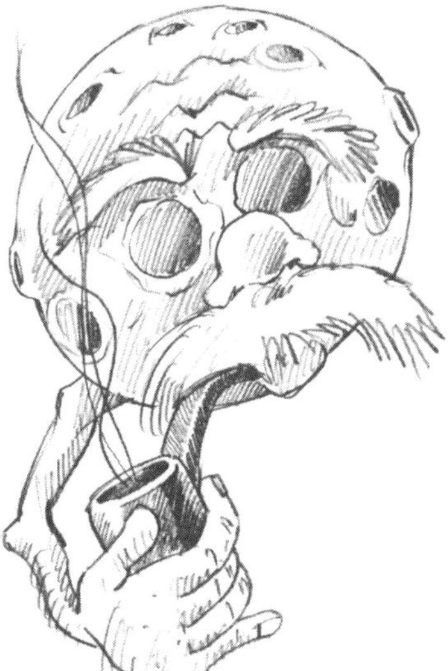

Bechstein gibt hier eine Geschichte wieder, die seit Jahrhunderten in der ganzen christlichen Welt verbreitet ist. Sie geht vielleicht auf eine Stelle im vierten Buch Mose zurück, wo Gott den Tod eines beim Holzsammeln am Sabbat erwischten Mannes fordert.

Vielleicht ist der „Mann im Mond“ aber auch ganz anders dorthin gekommen. Es gibt nämlich auch das Seemannsgarn von einem Schiffer um Kap Hoorn, der bei Orkan und tosender See fluchte: „Verdammi, wenn ick nicht baben Kap Hoorn kümm, well ick to’n ewigen Dag in’e Maand seten.“ Tatsächlich scheiterte sein Schiff an der berüchtigten Südspitze Südamerikas, und seither sitzt er auf unserem Trabanten fest.

In Polen wiederum erzählt man sich vom „Meister Twardowski“, einem Alchimisten des 16. Jahrhunderts, der auch als „polnischer

Faust" bekannt ist. Er sei tatsächlich einmal auf dem Mond gewesen, daher wird er auf Zeichnungen bisweilen vor einer Vollmondscheibe dargestellt.

Nicht immer muss es übrigens ein Gesicht sein: Chinesen, Inder und die südafrikanischen Khoi-Khoin (früher Hottentotten genannt) sahen in den dunklen Flecken des Mondes einen Hasen oder ein Kaninchen.

## Das MARSgesicht stammt von Außerirdischen

Es war Routinearbeit: Die Marssonde *Viking 1* fotografierte 1976 große Teile der Marsoberfläche, darunter auch die Cydonia-Region in der Nähe des Äquators, und funkte die Bilder zur Erde. Dort wurde das Material zunächst gespeichert und erst nach und nach aufgearbeitet. Um 1980 entdeckte dann der Bildbearbeitungs-Ingenieur Vincent DiPietro auf einem der Bilder, was bald darauf als Sensation durch die Weltpresse ging: eine immerhin zwei Kilometer lange Struktur, die überraschend deutlich einem ins All blickenden menschlichen Ant-

litz glich. In der Nähe ragten zudem pyramidenähnliche Hügel auf. Die Vertreter der „Prä-Astronautik"-Szene, die an frühere Besuche Außerirdischer auf der Erde glauben, jubelten.
Binnen kurzem erschien eine Fülle von Büchern mit wilden Spekulationen über marsianische Pyramidenstädte, ausgestorbene Marszivilisationen und Beziehungen zwischen Alt-Ägypten, dem Sphinx von Gizeh und dem Mars. Ein Autor meinte sogar, das angebliche Gesicht Jesu vom „Turiner Grabtuch" im Marsgesicht wiederzuerkennen. Viele Forscher warnten allerdings, die relativ unscharfen Bilder könnten die Betrachter durch ein Spiel von Licht und Schatten zum Narren halten.
Anhand der *Viking*-Bilder ließ sich die Frage, was eigentlich auf den Fotografien zu sehen ist, nicht endgültig klären. So setzten Zweifler und Befürworter ihre Hoffnungen auf weitere Marsmissionen.
1998 war es endlich soweit. Die Sonde *Mars Global Surveyor* fotografierte die Cydonia-Region mit hoher Bildauflösung – und alle Träume zerstoben. Das „Gesicht" entpuppte sich als ganz normaler Tafelberg. Nur mit Mühe kann man auf diesen scharfen Bildern noch die Strukturen erkennen, die Mund, Augen und Nase vorgegaukelt hatten. Auch die angeblichen Pyramiden erwiesen sich als ganz normale Hügel.

## Das Universum besteht aus normaler MATERIE

Sagen wir mal so: Es enthält eine kleine Menge „normaler" Materie, also Materie aus Atomen und Molekülen, die zum Beispiel Sonne und Erde bilden. Aber es *besteht* ebenso wenig daraus, wie Bier aus Alkohol besteht. Normale Materie macht nur rund vier Prozent des Universums aus. Und davon wiederum zeichnen sich nur 0,5 Prozent durch Eigenlicht aus. 3,5 Prozent bestehen aus kühler und nicht selbst leuchtender Materie wie etwa Planeten oder dunklem Staub. Ein mit etwa 23 Prozent Anteil weit gewichtigerer Baustoff ist die „Dunkle Materie“. Sie macht sich allein durch ihre Gravitation bemerkbar; sichtbar ist sie nicht. Aber sie muss vorhanden sein. Man kann nämlich ausrechnen, dass die Anziehungskraft der sichtbaren Materie nicht annähernd ausreicht, die Galaxien zusammenzuhalten. Es muss noch einen weiteren „Klebstoff“ geben – eben die Dunkle Materie.

Allerdings: Was sie ist, woraus sie besteht, weiß niemand. Es gibt nur Vermutungen, zum Beispiel, dass es sich um noch unentdeckte Elementarteilchen mit seltsamen Eigenschaften handelt. Klar ist aber auch, dass es uns ohne diese Dunkle Materie nicht gäbe. Denn nur dank ihrer Anwesenheit konnten sich überhaupt Sterne und Galaxien bilden.

Noch viel mysteriöser sind die restlichen rund 73 Prozent Baustoff des Universums, auf die man erst 1998 aufmerksam wurde. Da haben nämlich zwei Forschergruppen festgestellt, dass sich der Kosmos heute schneller ausdehnt als noch vor einigen Milliarden Jahren. Irgendetwas jagt das Universum seither mit immer größerem Tempo auseinander. Man hat dieses „Etwas“ Dunkle Energie genannt. Aber das ist nur ein Name – niemand weiß bisher, um was es sich dabei handelt. Schon frustrierend: Von rund 96 Prozent der Baustoffe unserer Welt haben wir keine Ahnung.

## Außerirdische sehen wie MENSCHEN aus

Das tun sie in alten Sciencefiction-Filmen und selbst in Serien wie „Star Trek“, vor allem aus finanziellen Gründen: So spart man Geld bei der Maske.

Außerdem war damals das Publikum vielleicht auch noch nicht bereit für monströse Wesen, wie sie dann etwa in „Krieg der Sterne“ auftauchten. Doch es gibt keinen Grund, warum Außerirdische wie Menschen aussehen sollten. Selbst auf der Erde sind wir „nackten Affen“ unter Millionen von Tierarten einzigartig. Dabei ist selbst ein Regenwurm viel näher mit uns verwandt als ein Wesen von einem fremden Planeten. Die Wahrscheinlichkeit, dass Lebewesen auf anderen Planeten mit einer anderen Umgebung aussehen wie wir, ist geradezu abenteuerlich klein. Das gilt selbst dann, wenn „Lebenskeime“ aus dem All die junge Erde befruchteten, wie einzelne Wissenschaftler annehmen. Ein Weg zum heutigen Menschen war keineswegs vorgezeichnet. Auch wenn die irdische Evolution mit rein irdischem Material noch einmal bei Null beginnen müsste, würde sie mit Sicherheit andere Wege gehen.

## Die Sonne steht im Zentrum der MILCHstraße

Es ist schon Einiges, was die Astronomie den Menschen zumutet. Erst vertreibt sie die Erde aus dem Zentrum des Alls, dann ist die Sonne nur noch ein Stern unter vielen in der Milchstraße. Und sie steht nicht einmal in deren Zentrum, sondern irgendwo in den Randbereichen, verloren im Sternengewimmel, 26 000 Lichtjahre vom Kern entfernt. Welcher Abstieg!

Immerhin können wir froh sein, dass wir nicht im Herzen der Milchstraße wohnen. Dann gäbe es uns nämlich höchstwahrscheinlich gar nicht. Dort, im hellen Kernbereich, geht es ausgesprochen turbulent zu. In raschem Tempo bilden sich hier unzählige massereiche Sterne, und entsprechend häufig sind Supernova-Explosionen, mit denen solche Sterne ihre Existenz beenden. Die dabei ausgesandten energiereichen Strahlen aber baden den galaktischen Zentralbereich geradezu in durchdringenden Gammastrahlen und sterilisieren jeden Planeten. Im Zentrum selbst befindet sich ein Schwarzes Loch von etwa 2,6 Millionen Sonnenmassen, das Materie verschluckt und dabei ebenfalls große Mengen durchdringender Strahlung aussendet.
So können wir uns mit dem Gedanken trösten, den auch der Landbewohner gegenüber dem Städter hegen mag: Man lebt zwar nicht im Zentrum des Geschehens, dafür aber ruhiger und gesünder.

## Die MILCHstraße bietet immer den gleichen Anblick

Den Namen kennt jeder. Aber viele Menschen haben es noch nie gesehen, jenes leuchtende, gelappte Band, das sich quer über den Nachthimmel zieht. Die den

Himmel überstrahlende Lichterflut der Großstadt lässt es völlig verschwinden, aber eine klare Nacht auf dem dunklen Land zeigt die Schönheit unserer Milchstraße.

Natürlich hat die Milchstraße nichts mit Milch zu tun, obwohl auch im Fachwort „Galaxis" das griechische Wort für Milch steckt. Die griechischen Philosophen hielten sie für einen Riss im Himmel, durch den Licht aus der Götterwelt schimmert, oder für eine gewaltige Wolke aus Dampf, die hoch über der Erde schwebt.

Erst das Fernrohr brachte Klarheit. 1609 richtete der italienische Naturforscher Galileo Galilei seine Linsen zum hellen Band empor – und erblickte ein Gewimmel lichtschwacher Sterne.

Heute wissen wir, dass die Milchstraße eine flache, langsam rotierende Scheibe aus rund 200 Milliarden Sternen ist. Einer dieser Sterne ist die Sonne, aber auch alle anderen Sterne am Nachthimmel gehören zur Milchstraße. Sie stehen in näherem oder weiterem Abstand zur Sonne. Im Grunde aber können wir sie alle unsere Nachbarn nennen, selbst wenn sie vielleicht 3000 Lichtjahre entfernt sind. Denn im Maßstab der Milchstraße ist das wenig: Das gewaltige Feuerrad hat rund 100 000 Lichtjahre Durchmesser, und wir sind von seinem Zentrum über 26 000 Lichtjahre entfernt.

Schauen wir in den Nachthimmel, blicken wir meist aus der Milchstraßenebene nach oben oder unten hinaus und sehen daher vergleichsweise wenige Sterne. Die sternreiche Ebene selbst zeichnet sich als helles Band am Himmel ab, eben die Milchstraße. Nun liegen wir aber in Randnähe. Es ist daher ein Unterschied, ob wir in Richtung Zentrum blicken, wo sich besonders viele Sterne häufen, oder zum Randbereich hin. Das Milchstraßenzentrum liegt, von der Erde aus gesehen, im Sternbild Schütze, das im Sommerhalbjahr am Himmel steht. Daher ist die Milchstraße im Sommer heller als im Winter, wenn unser Blick zum Scheibenrand geht.

# Überall auf der Erde steht die Sonne MITTAGS im Süden

Der griechische Schriftsteller und Historiker Herodot, der vor etwa 2400 Jahren lebte, erzählt von einer für die damalige Zeit höchst erstaunlichen Forschungsexpedition: Der Pharao Necho habe einige Jahre zuvor (etwa um 600 v. Chr.) eine Flotte von Schiffen ausgesandt, um rund um Libyen zu segeln – so nannte man damals Afrika. Sie seien im Roten Meer abgefahren und hätten dann Kurs nach Süden ge-

nommen. Mehrfach seien die Besatzungen an Land gegangen, hätten Getreide gesät und geerntet und dann erneut die Segel gesetzt. Drei Jahre nach ihrer Abfahrt seien sie schließlich durchs Mittelmeer nach Ägypten zurückgekehrt und hätten behauptet, bei ihrer Fahrt um Libyen habe die Sonne zeitweise mittags rechterhand von ihnen, also im Norden, gestanden.

Bei Herodot und vielen späteren Autoren stieß die Geschichte wegen dieser Bemerkung auf Unglauben. Für uns ist gerade dies ein Wahrheitsbeweis: Offenbar müssen die Seefahrer in ihren offenen

Segelbooten damals tatsächlich eine Reise von rund 27 000 Kilometern durch völlig unbekannte Gewässer bewältigt haben. Denn auf der Südhalbkugel der Erde ist manches anders als im Norden. Da leuchten andere Sterne vom Himmel, leben andere Tiere und Pflanzen, Weihnachten fällt in den Hochsommer. Und die Sonne scheint eben mittags vom Nordhimmel. Das hat einen einfachen Grund: Die Sonne steht scheinbar über dem Äquator – mit jahreszeitlichen Schwankungen. Von Europa aus liegt der Äquator im Süden, also wandert für uns auch die Sonne über den Südhimmel. Für die Beobachter auf der Südhalbkugel aber liegt der Äquator nördlich – also zieht dort die Sonne ihre Bahn über den Nordhimmel.

## Das Universum hat eine MITTE

Der amerikanische Astronom Edwin Hubble veröffentlichte 1929 eine Aufsehen erregende Entdeckung. Er hatte mit dem großen Teleskop auf dem Mount Wilson in Kalifornien die Geschwindigkeit verschiedener Galaxien gemessen und festgestellt, dass sich fast alle von uns entfernen. Und zwar mit umso größerer Geschwindigkeit, je weiter sie schon entfernt sind. Galaxien in etwa einer Milliarde Lichtjahre Entfernung eilen mit rund 10 000 Kilometern pro Sekunde fort, solche in drei Milliarden Lichtjahren Distanz mit rund 40 000 Kilometern pro Sekunde. Die fernsten inzwischen beobachteten Galaxien schießen sogar mit nahezu Lichtgeschwindigkeit davon!

Auf den ersten Blick sieht es so aus, als stünde die Erde im Mittelpunkt des Alls, und alles flüchte vor uns. Doch dieser Eindruck täuscht. In Wirklichkeit haben wir nicht etwa die anderen Galaxien verschreckt, sondern der Raum selbst dehnt sich aus und nimmt sie (und uns) mit.

Mit Luftballon und Filzschreiber lässt sich illustrieren, was passiert. Malen Sie einzelne Punkte auf die Ballonhülle. Sie sollen die Galaxien darstellen, die Gummihaut dazwischen den freien Raum. Blasen Sie nun den Ballon auf und simulieren damit die Ausdehnung des Universums. Dabei wächst die Entfernung zwischen den „Galaxien“. Jede könnte meinen, sie stünde im Zentrum, und alle anderen würden vor ihr flüchten. In Wirklichkeit hat die Oberfläche des Ballons ebenso wenig eine Mitte wie das Universum.
Wenn sich der Raum ausdehnt, war er früher logischerweise kleiner. Tatsächlich ist heute die wahrscheinlichste Theorie, dass das Universum vor knapp 14 Milliarden Jahren extrem klein war, bei weitem kleiner als jedes bekannte Materieteilchen. Mit dem „Urknall“ begann dann der Weltraum seine Expansion.

**Der MOND dreht sich nicht** So scheint es jedenfalls. Denn er zeigt uns bei seinem Umlauf um die Erde doch ständig die gleiche Seite, was man am typischen, immer gleichen „Mondgesicht“ leicht erkennt. Daher waren die Menschen jahrhundertelang neugierig, wie denn wohl die Rückseite des Mondes aussieht. Aber die Welt musste bis 1959 warten, als die sowjetische Raumkapsel *Lunik 3* den Mond umkreiste und erste Bilder seiner Rückseite zur Erde funkte. Im Aussehen ähnelt sie der Vorderseite. Sie ist noch stärker zernarbt und von Kratern bedeckt. Allerdings fehlen die dunklen Flecken fast völlig: Zur Überraschung der Astronomen hat die Mondrückseite kein „Gesicht“.
Dass wir immer nur die Vorderseite sehen, heißt aber nicht, dass der Mond nicht auch selbst rotiert. Im Gegenteil, wie ein einfacher Versuch beweist. Stellen Sie eine Vase auf den Tisch – sie soll die Erde darstellen – und gehen jetzt einmal um den Tisch herum, immer mit

dem Gesicht zur Vase gewandt. Merken Sie's? Während Sie einmal den Tisch umkreisen, drehen Sie sich auch einmal um Ihre eigene Achse, anders würde es gar nicht funktionieren.
Man nennt diese Art der Bewegung „gebundene Rotation“: Der Mond braucht exakt ebenso lange zur Erdumrundung wie zu einer Drehung um sich selbst, nämlich 27,3 Tage. Das ist natürlich kein Zufall, sondern eine Wirkung der Anziehungskräfte von Erde und Mond aufeinander. Sie haben die ursprünglich schnellere Rotation des Mondes solange gebremst, bis beide Zeiten übereinstimmten.

## Die MONDkrater stammen von erloschenen Vulkanen

Zerfurcht – so präsentiert sich unser Begleiter schon in einem kleinen Fernrohr. Allein auf der erdzugewandten Seite zählt man über 300 000 Krater von einem Kilometer Mindestgröße. Rauchten hier einst Vulkane? Im 19. Jahrhundert war das die allgemeine Ansicht der Astronomen, und noch im 20. Jahrhundert suchte man bestimmte Leuchterscheinungen auf dem Mond als Vulkanausbrüche zu deuten. Inzwischen geht man davon aus, dass es sich um Lichtblitze durch Meteoriteneinschläge handelt oder – in vielen Fällen einfach um Beobachtungsfehler. Als weitere Ursachen kommen auch Ausgasungen oder Beleuchtungseffekte in Frage.
Tatsächlich war die lunare Jugend von heftigem Vulkanismus geprägt. Als feuriger Ball trat der Mond ins Dasein. Die anfangs dünne Kruste über dem glutflüssigen Innern wies zahlreiche Spalten und Löcher auf, durch die Gase und Lava ausströmten. Einstürzende Meteoriten schlugen weitere Löcher. Vor rund vier Milliarden Jahren prasselten besonders große Brocken auf die Mondoberfläche und zerrissen sie an mehreren Stellen. Lava quoll empor, überflute-

te die umliegenden Gebiete und erstarrte zu einem dunkelgrauen Gestein. So bildeten sich die heutigen Mondmeere.

Mit der Zeit wurde die Kruste aber immer dicker. Die Meteoriten konnten sie schließlich nicht mehr durchschlagen, und auch die mondinneren Kräfte ließen nach. Der lunare Vulkanismus ist seit mindestens drei Milliarden Jahren beendet.

Die heute sichtbaren Krater stammen nicht von Vulkanen. Denn der Meteoritenhagel hat nicht aufgehört, wenn auch seine Intensität seit der stürmischen „Bauphase“ des Sonnensystems stark nachgelassen hat. Seit Jahrmilliarden liegt die gesamte Mondoberfläche unter Beschuss: Immer wieder kommen größere Körper aus dem All mit Geschwindigkeiten zwischen 10 und 70 Kilometern pro Sekunde herangerast (das sind bis 250 000 Kilometer pro Stunde). Selbst ein Brocken von nur zehn Metern Durchmesser setzt beim Aufschlag die Energiemenge einer Wasserstoffbombe frei, ein 100-Meter-Meteorit übertrifft in der Sprengwirkung alle Atomwaffen der Erde zusammen. Die ungeheure Energie schmilzt und verdampft das Gestein in großem Umkreis und wirft es zum Teil aus. Manche der hochgeschleuderten Brocken verlassen sogar den Anziehungsbereich des Mondes und fallen als Meteoriten auf die Erde. Zurück bleibt ein kilometergroßer Krater. Und weil es auf dem Mond weder Luft noch Wasser gibt, bleiben all die Krater auch erhalten, es sei denn, sie werden erneut getroffen. Was wir sehen, ist also eine über drei Milliarden Jahre alte Kollektion von Meteoritenkratern.

Für zukünftige Mondsonden und -expeditionen sind die Krater wertvolle Forschungsobjekte. Denn wie der Mond lag auch die Erde unter Beschuss; nur sind unsere Krater längst verwittert und vergangen. So könnten die lunaren Einschlagzeugen wichtige Hinweise geben, wie sehr kosmische Bomben das Leben auf der Erde beeinträchtigten – und wie stark sie es in Zukunft tun werden.

# Der Schatten der Erde erzeugt die MONDphasen

Im Schein der Sonne wirft natürlich auch die Erde einen Schatten. Viele Menschen glauben, es sei dieser Schatten, der den Mond während seines Umlaufs um die Erde an verschiedenen Tagen unterschiedlich stark bedeckt und so die Mondphasen wie Neumond, Mondsichel oder Halbmond erzeugt. Nur bei Vollmond träfe kein Schatten unseren Trabanten. So schrieb es anlässlich der Sonnenfinsternis 1999 sogar der Redakteur einer deutschen Zeitung.

Doch ein genauer Blick zum Himmel zeigt, dass das nicht stimmen kann. Der Mond kann ja nur im Erdschatten stehen, wenn Sonne, Erde und Mond genau eine Linie bilden und der Mond hinter der Erde steht. In Wirklichkeit aber leuchten Sonne und Mondsichel nicht selten gleichzeitig und gar nicht weit entfernt voneinander am Himmel. Ein zweiter Gegenbeweis ist die Form der Sichel. Eine Kugel wie die Erde wirft einen runden Schatten. Wenn er auf den Rand des Mondes trifft, müsste er einen Teil des Mondes „abschneiden" und zwar mit einem ins Helle gewölbten Rand. Das trifft nur auf die schmale Sichel, nicht aber auf den fast vollen Mond zu.

In Wirklichkeit haben die Mondphasen mit dem Erdschatten nichts zu tun. Der Mond wird von der Sonne immer zur Hälfte beleuchtet, wir sehen nur während des Mondumlaufs immer einen unterschiedlich großen Teil dieser beleuchteten Seite. Bei Vollmond schauen wir genau auf die helle Seite, bei Halbmond zeigt uns der Mond nur die Hälfte seiner Sonnenseite. Nicht der Erdschatten verdunkelt den Rest, sondern der Schatten des Mondes selbst.

Allerdings tritt der Mond von Zeit zu Zeit tatsächlich in den Erdschatten ein. Nur: Dann sehen wir nicht Mondphasen, sondern Mondfinsternisse.

## Die MONDsichel sieht von jedem Punkt der Erde gleich aus

Die Mondsichel mit ihrer Wölbung nach rechts oder links ist uns seit der Kindheit so vertraut, dass man gar nicht auf die Idee kommt, sie könne auch anders aussehen. Daher „stolpert“ man bei einer Reise auf die Kanarischen Inseln oder einem anderen Ziel näher am Äquator schon mal über das ungewöhnliche Aussehen der altbekannten Mondsichel: Sie erinnert bisweilen mehr an eine Suppenschüssel.

Der Anblick des Mondes hängt davon ab, wie seine Bahn am Himmel verläuft. Man nennt die scheinbare Himmelsbahn von Sonne, Mond und Planeten Ekliptik. In nördlichen und südlichen Breiten verläuft sie eher flach übers Firmament. Nahe des Äquators aber steht sie steiler, bis zu 90 Grad.

Nun wird der Mond ja von der Sonne beleuchtet, die sich ebenfalls entlang der Ekliptik bewegt. Steht die Ekliptik steil, scheint die Sonne also von unten her auf den Mond und erzeugt die Schüsselform.

Nur wenn die Ekliptik flacher ist, wird der Mond von rechts oder links her beleuchtet und bietet den uns vertrauten Anblick.

## Bei Vollmond gibt es mehr MORDE und mehr Geburten

Eine geheimnisvolle Macht wirkt auf das irdische Leben ein: Sie beeinflusst Körper und Psyche, steuert Geburt und Tod und lässt Pflanzen wachsen und vergehen. Als fahlbleiche Scheibe steht diese Macht über uns: der Mond.

Das zumindest glauben offenbar Millionen von Menschen, geht man nach dem Erfolg einschlägiger Bücher. Sie geben sogar Tipps, bei welcher Mondphase man sich operieren lassen, seine Radieschen einsäen, seine Dauerwelle legen oder seine Wäsche waschen sollte. Mit Wissenschaft hat das alles freilich nichts zu tun. Es ist reine Glaubenssache – von Leuten, an deren Weltbild offenbar die astronomischen Erkenntnisse der letzten 2000 Jahre spurlos vorübergegangen sind. Denn längst wissen wir natürlich, dass die Mondphasen keine wundersamen Vorgänge widerspiegeln, sondern schlichte Beleuchtungseffekte sind. Aber obwohl Hunderte von statistischen Untersuchungen es längst eindeutig widerlegt haben, wird immer wieder behauptet, der Vollmond würde etwa die Kriminalitätsrate und die Geburtenzahlen ansteigen lassen und Schlaf und Psyche stören. Freilich fällt der Vollmond besonders auf und wird daher leicht mit Problemen anderer Ursache in Verbindung gebracht.

Auch das Märchen vom Zusammenhang zwischen Menstruation und Mondzyklus wird immer wieder herausgekramt. Der Mond umrundet die Erde regelmäßig in 27 Tagen und knapp acht Stunden. Das stimmt aber nur sehr ungefähr mit dem menschlichen Zyklus überein, der von Frau zu Frau immerhin zwischen etwa 22 und 37 Tagen schwankt und zudem auf viele Einflüsse reagiert. Auch verläuft er nicht bei allen Frauen synchron, was man bei Steuerung von außen erwarten würde. Und schließlich: Warum sollte nur der Mensch mondfühlig sein? Die Zykluszeit der Säugetiere liegt nämlich keineswegs immer bei etwa einem Monat, sondern ist sehr unterschiedlich. Bei Goldhamster und Ratte beträgt sie nur vier bis fünf Tage, bei der Katze 14 Tage, beim Schimpansen etwa 35 Tage.

Ein beliebtes Argument der „Mondsüchtigen" sind die Gezeiten: Wenn der Mond sogar den riesigen Ozean bewegt, dann doch wohl erst recht einen kleinen Körper. Doch die Anziehungskraft des Mondes ist nicht mit dem Ziehen an einem Seil zu vergleichen. Sie wirkt vielmehr umso stärker, je größer die beteiligten Massen sind. Und der Atlantik hat nun mal eine größere Masse als etwa die Ostsee oder gar ein Körper – weshalb es im Atlantik Gezeiten gibt, in der Ostsee nicht, und im Körper schon gar nicht. Außerdem ist die Schwerkraft abhängig von der Entfernung: Jedes vorbeifahrende Auto übt abertausendfache Anziehungskräfte aus verglichen mit dem Mond, der immerhin 30 Erddurchmesser von uns entfernt ist.

Mit anderen Worten: Was in den vielen Esoterik-Büchern über die „Kraft des Mondes" auf Pflanzenwuchs und Körperfunktionen behauptet wird, ist keineswegs altes Erfahrungswissen, sondern in der Regel schlichter (aber lukrativer) Unsinn. Wenn es um medizinische Ratschläge geht, eventuell sogar gefährlicher Unsinn.

## Mars ist der NÄCHSTE Planet

Er ist zwar unser Nachbarplanet, aber keineswegs unser nächster Nachbar. Das ist die Venus. Sie nähert sich uns bis auf etwa 38,9 Millionen Kilometer, während Mars selbst bei größter Annäherung immer noch 55,4 Millionen Kilometer Abstand hält. Für eine Expedition zum Mars müsste man daher immerhin rund 250 Tage für den Hinflug einplanen, wenn die Abflugzeit geschickt gewählt würde. Sonst dauert's eben länger: Maximal entfernt sich der rote Planet rund 400 Millionen Kilometer von uns.

Freilich wäre der Mars ein weit angenehmerer Aufenthaltsort als die fast 500 Grad heiße Venus. Seine Temperaturen schwanken zwischen +20 und –120 Grad Celsius und ließen sich zur Not mit der entsprechenden Technik aushalten. Auch dreht er sich in vertrauten 24 Stunden einmal um seine Achse, und er hat wie die Erde Jahreszeiten. Flüssiges Wasser scheint nicht (oder höchstens kurzzeitig) zu existieren, man rechnet aber mit dicken Eisschichten unter dem roten Sand. Sauerstoff gibt es allerdings nicht, die Luft besteht vor allem aus Kohlendioxid. Der Luftdruck ist zudem weit geringer als der irdische: Ohne luftdichten Raumanzug wäre ein Mars-Spaziergang tödlich. Dafür könnten die Mars-Astronauten große Sprünge machen, denn ein 80-Kilogramm-Mann zum Beispiel wöge auf dem kleinen Mars nur 30 Kilo. Zudem würde es auf dem Mars nicht langweilig, denn es gibt allerhand zu sehen: zum Beispiel den größten Vulkan des Sonnensystems und einen gewaltigen Canyon. Und vielleicht hausen tief unter der Oberfläche in feuchten Höhlungen Marsbakterien, die von einer lebensfreundlicheren Periode unseres Nachbarn zeugen.

## Der NÄCHSTE Stern ist ein paar Millionen Kilometer entfernt

Die Entfernungen im All entziehen sich gänzlich unserem Vorstellungsvermögen. Schon hier auf Erden haben wir ja Probleme: Wie weit ist denn etwa New York entfernt, verglichen mit der Entfernung nach Berlin oder München? Natürlich können wir die Strecke in Kilometern angeben – aber sie sich wirklich vorzustellen ist etwas ganz anderes.

Die weiteste Entfernung zwischen zwei Orten auf der Erde beträgt rund 20 000 Kilometer. Aber schon der Mond, unser allernächster Nachbar, ist rund 380 000 Kilometer weit weg. Zur Sonne sind es 150 Millionen Kilometer. Wem das weit vorkommt: Der nächste Stern, Alpha Centauri, ist über 40 000 Milliarden Kilometer von uns entfernt. Ein Raumschiff, das zum Mond drei Tage unterwegs wäre, bräuchte für einen Besuch beim Nachbarstern über 900 000 Jahre!

## Der Mond scheint nur NACHTS

„Gott machte zwei Lichter, ein großes, das den Tag regiere, und ein kleines, das die Nacht regiere", steht in der Bibel, gleich am Anfang in der Schöpfungsgeschichte. Demnach scheint die Sonne tagsüber, und der Mond erhellt nachts die Dunkelheit. So haben wir es schon in der Kindheit gelernt. Deshalb sind selbst viele Erwachsene überrascht, wenn sie irgendwann am Tag zum Himmel schauen und dort den Mond entdecken.

Natürlich fällt der Mond am dunklen Nachthimmel weit stärker auf als im Blau des Tages. Doch wer den Blick öfter nach oben richtet, kennt den Mond als gar nicht seltenen Gast am Vormittags- oder Nachmittagshimmel. Eigentlich ist das auch ganz logisch, wenn man sich die verschiedenen Positionen des Mondes im Verhältnis zur Sonne vor Augen führt, und überlegt, welche Phase er dann jeweils zeigt.

Am einfachsten ist es bei Vollmond. Da steht der Mond nämlich der Sonne gegenüber (Mond – Erde – Sonne bilden ungefähr eine Linie). Er geht also bei Sonnenuntergang auf und bei Sonnenaufgang unter. Der Vollmond steht in unseren Breiten im Allgemeinen nicht gleichzeitig mit der Sonne am Himmel (außer in seltenen Ausnahmefällen, wenn Bahnschwankungen Sonne und Mond gerade eben noch gleichzeitig zeigen). In höheren Breiten ist das anders: Dort zeigt sich ab einer bestimmten nördlichen Breite tagsüber bisweilen der Vollmond, ebenso wie nachts mitunter die Sonne zu sehen ist.

Bei allen anderen Phasen stehen Mond und Sonne am Himmel dichter beisammen. Wenn dabei die Sonne von der Seite her einen Teil des Mondes beleuchtet, sehen wir ihn als Mondsichel oder als Halbmond. Die Außenwölbung der hellen Mondfläche muss dann also zur Sonne zeigen. Und genau deshalb steht der zunehmende Mond oft am Nachmittagshimmel, also „links" von der Sonne. Und den abnehmenden Mond sieht man am Vormittag, denn er steht dann „rechts" von der Sonne.

## Die Planeten haben ihre NAMEN schon im Altertum bekommen

Venus, Mars, Jupiter, Pluto – für uns sind das einfach Himmelskörper. Aber einst wurden die Wandelsterne mit Göttern identifiziert. Eigentlich verständlich: Sie bewegen sich auf ruhige, gemessene Weise im himmlischen Reich, wie es Göttern ansteht. Auch strahlen sie ein ruhiges Licht aus und funkeln nicht nervös wie die Fixsterne. Sie scheinen einen eigenen Willen zu haben, denn sie ziehen ihre Bahn unabhängig vom Sternengewimmel. Und die Zahl der Planeten – sieben – galt ohnehin als heilig.

Freilich sah das Planetenportfolio damals anders aus als heute. Neben Merkur, Venus, Mars, Jupiter und Saturn galten Sonne und Mond als Planeten, nicht aber die Erde – sie wandert ja nicht über den Himmel, sondern ruhte nach damaliger Vorstellung im Mittelpunkt der Welt.

Schon im Altertum entkleidete man die Planeten der göttlichen Eigenschaften. Und das kopernikanische System reduzierte ihre Zahl dann auch noch auf sechs – die Sonne entfiel. Aber ab 1781 ging es wieder aufwärts: Der Hobby-Astronom Friedrich Wilhelm Herschel entdeckte einen Planeten, der noch jenseits des Saturn seine Bahn zog. Seit Tausenden von Jahren erstmals ein neuer Planet!

Natürlich lag ihm fern, nun zur Namensgebung einen antiken Gott heranzuziehen. Er wollte ihn zu Ehren seines Königs Georg III. „Georgium Sidus“ nennen. Aber das lehnten die anderen Astronomen ab. Sie wollten – aus rein traditionellen Gründen – der Mythologie treu bleiben und einigten sich auf den Namen Uranus, nach dem Vater des Saturn.

Die antike Götterwelt stand auch Pate, als 1845 ein weiterer, noch entfernter kreisender Planet getauft wurde: Er bekam den Namen „Neptun“ nach dem römischen Gott des Meeres. Und dass der 1930 aufgespürte Pluto als besonders fern der Sonne wandernder Himmelskörper den Namen des römischen Gottes der Unterwelt trägt, lässt sich durchaus nachvollziehen.

Heute überwacht die Internationale Astronomische Union (IAU) die Vergabe von Namen an Himmelskörper, wobei dem Entdecker natürlich besondere Vorschlagsrechte eingeräumt werden. Und das Problem der Planetenbenennung ist aktueller denn je: Immerhin sind in den letzten Jahren bereits Dutzende von Begleitern ferner Sonnen nachgewiesen worden, und ein Ende ist nicht abzusehen.

Übrigens: Wir betrachten die Namensgebung der Planeten wie selbstverständlich durch unsere europäische Brille. Aber natürlich kannten andere Kulturen diese auffälligen Himmelswanderer auch und gaben ihnen Namen. Viele außereuropäische Namen findet man auf: *http://www.nineplanets.org/days.html.*

N

## Pluto ist ein NORMALER Planet

Die Sensation war groß, als 1930 Pluto als äußerster Begleiter unserer Sonne entdeckt wurde. Doch so recht glücklich wurden die Astronomen mit dem neuen Mitglied des Sonnensystems nicht. Anfangs glaubte man noch, das ferne, kaum erkennbare Objekt habe etwa Erdgröße. Inzwischen musste der Wert für die Größe auf ein Sechstel korrigiert werden; die Masse beträgt sogar weniger als 0,3 Prozent der Erdmasse. Damit ist Pluto der bei weitem kleinste Planet; er ist sogar noch deutlich kleiner als unser Mond.

Auch die Umlaufbahn mutet seltsam an. Sie ist nicht nahezu kreisförmig wie die der anderen Sonnenbegleiter, sondern so stark elliptisch, dass sich Pluto zeitweise innerhalb der Neptunbahn bewegt. Außerdem wandert Pluto weit nach oben und unten aus der Bahnebene der anderen Planeten hinaus.

Viele Astronomen sehen Pluto heute eher als großen Planetoiden oder Kometenkern an. Zwar besitzt er einen Begleiter, den Mond Charon – aber das gilt auch für einzelne Planetoiden. In den letzten Jahren zeigte sich nämlich, dass es dort draußen einen ganzen Gürtel aus vermutlich Millionen von Kometenkernen gibt. Diese Körper aus Gestein und Eis sind schwer zu entdecken, weil das Sonnenlicht dort schon sehr schwach ist; zudem sind viele von dunklem Material bedeckt. Durch Schwerkrafteinwirkungen wird bisweilen solch ein Objekt ins innere Sonnensystem geschleudert. Erst hier bildet sich dann dank der Sonnenwärme ein Kometenschweif.

Inzwischen hat man in jener Außenzone über 850 Himmelskörper entdeckt, darunter den tiefroten Kleinplaneten Sedna mit 1700 Kilometer Durchmesser (Pluto: 2300 Kilometer). Es spricht vieles dafür, dass Pluto nur das zurzeit größte bekannte Mitglied jenes Gürtels ist. Vielleicht ist es nur eine Frage der Zeit, bis man dort einen noch größeren Körper entdeckt. Spätestens dann wird man Pluto wohl aus der Liste der Planeten streichen und fortan als Kleinplanet führen müssen.

## Sterne gibt es NUR in den Spiralarmen von Galaxien

Sie bieten einen prachtvollen Anblick, die gewaltigen Feuerräder der Spiralgalaxien mit ihren leuchtenden Spiralarmen und ihrem hell strahlenden Zentrum. Über 100 Milliarden einzelne Sterne leuchten hier, manche vielleicht umrundet von Leben tragenden Planeten.

Diese Sterne sind ziemlich gleichmäßig in der gesamten Scheibe verteilt. Sie stehen also keineswegs nur in den Spiralarmen. Die Fotos, etwa vom *Hubble*-Teleskop, vermitteln in dieser Hinsicht einen falschen Eindruck. Nur rund ein Zwanzigstel aller Sterne findet man in den Armen. Allerdings häufen sich hier vor allem junge und massereiche Exemplare, die besonders viel Licht ausstrahlen. Sie sind der Grund, warum die Spiralarme so hell leuchten.

Erst seit einigen Jahrzehnten kennt man die Ursache für dieses Phänomen. Es hängt mit der Rotation der Galaxie zusammen. Die Sterne und die Gas- und Staubwolken ziehen nämlich im Kreis um das Zentrum des gewaltigen Feuerrades herum. Unsere Sonne etwa bewegt sich mit rund 220 Kilometern pro Sekunde und braucht für einen Umlauf etwa 240 Millionen Jahre – zuletzt waren wir also im Dinosaurier-Zeitalter an der jetzigen Position.

Gleichzeitig kreist aber auch eine seltsame Welle in der Galaxie, eine spiralförmige Dichtewelle, die Materiewolken verdichtet. Ihr Ursprung ist bislang unbekannt. Diese Welle wandert etwa halb so schnell wie die Sterne und Staubwolken. Sie laufen daher bei ihrer normalen Umlaufbewegung von hinten her in die Dichtewelle hinein. Die Staubwolken werden dort komprimiert und ballen sich dann im Laufe von etwa 50 Millionen Jahren zu neuen, hellen Sternen zusammen. Nach und nach altern diese Sterne und laufen dabei vorne aus dem Spiralarm hinaus, weil sie dank ihrer höheren Geschwindigkeit die Welle überholen. Aber gleichzeitig drängen von hinten immer neue Staubwolken als Rohmaterial für neue Sterne nach.

Die Spiralarme sind also im Grunde gigantische Kreißsäle für Sonnen: Hier vollzieht sich ein immerwährender Neubeginn, dessen Zeittakt nach Jahrmillionen misst.

## Alle Planeten haben eine feste OBERfläche

Wir halten es für selbstverständlich, dass alle Planeten und Monde eine feste Oberfläche haben, auf der zum Beispiel ein Raumschiff landen könnte – auch wenn vielleicht in tiefer gelegenen Gebieten ein Meer schwappt. Die großen Planeten Jupiter, Saturn, Uranus und Neptun aber entsprechen dieser Vorstellung nicht. Sie besitzen eine viele tausend Kilometer mächtige Gashülle. Die Bilder der Raumsonden zeigen nur ihre oberen Bereiche. Sie bestehen vor allem aus Wasserstoff, Helium und Methan und sind –150 bis –200 Grad Celsius kalt. Taucht man in diese Gashülle hinunter, wird sie immer dichter, der Druck steigt, und irgendwann geht sie unmerklich über in eine Flüssigkeit.

## Die Erde könnte auch gut OHNE Mond auskommen

Natürlich, so mag mancher denken, wäre es schade, wenn kein bleicher Schein über nächtlichen Dörfern läge, wenn das Wattenmeer mit seinen Gezeiten nicht existierte, wenn die Liebenden nichts anzuflehen und die Hunde nichts anzubellen hätten. Aber schließlich haben Venus und Merkur auch keinen Mond, und die beiden kleinen Bröckchen von Monden, die den Mars umkreisen, zählen ja kaum.

Doch ohne ihren Mond wäre unsere Erde vermutlich kein angenehmer, lebensfreundlicher Ort. Denn der Mond stabilisiert die Erdachse. Sie schwankt zurzeit nur sehr geringfügig. Ohne Mond aber könnte die Erde kippen wie ein auslaufender Kreisel. Die Astronomen halten es für wenig wahrscheinlich, dass sich unter solchen Bedingungen langfristig stabile Ökosysteme auf der Erde hätten ausbilden können. Sicher gäbe es Leben, aber die Evolution wäre anders verlaufen – und wohl kaum zu intelligenten Lebensformen.

Zudem würde die Erde ohne die Gezeitenbremse durch den Mond weit rascher rotieren. Unser Tag hätte statt 24 Stunden vielleicht nur acht Stunden heutiger Länge. Die rasche Drehung würde mächtige Stürme erzeugen, und die Lebewesen müssten sich diesen Verhältnissen anpassen. Statt hoch aufragender Bäume gäbe es nur bodennah kriechende Gewächse, und auch die Tierwelt müsste sich mit Krallen, windschnittiger Körperform und Panzern gegen den Wind und gegen Hagel aus mitgerissenen Steinchen sichern.

## Die Sonne geht im **OSTEN** auf und im Westen unter

Wir lernen es schon im Kindergarten: „Im Osten geht die Sonne auf, im Süden steigt sie hoch hinauf, im Westen wird sie untergehen, im Norden ist sie nie zu sehen.“ Genau stimmt dieser Spruch allerdings nur an zwei Tagen im Jahr. Nur am 20. oder 21. März und am 22. oder 23. September (je nachdem, ob Schaltjahr oder nicht) geht die Sonne tatsächlich exakt im Osten auf und im Westen unter. Dann herrscht Tagundnachtgleiche, die Sonne zeigt sich rund zwölf Stunden lang, und bei uns beginnen Frühling oder Herbst.

Während des Sommers dagegen ist der Sonnenaufgang Richtung Nordosten verschoben und der Sonnenuntergang Richtung Nordwesten. Der Sonnenbogen ist größer und höher und die Sonne scheint rund 16 Stunden pro Tag (je weiter man nach Norden kommt, desto länger). Andererseits taucht sie während des Winters im Südosten am Horizont auf und versinkt nach kurzem Lauf von vielleicht nur acht Stunden (je weiter man nach Norden kommt, desto kürzer) wieder im Südwesten.

Richtig ist, dass sie nie im Norden zu sehen ist – zumindest auf der Nordhalbkugel der Erde. Auf der Südhalbkugel erreicht die Sonne dagegen mittags im Norden ihren Höchststand. Dort ist sie dafür nie im Süden zu sehen.

## Außerirdische können sich mit Menschen **PAAREN**

Es ist ein beliebtes Thema für Ufologen: Außerirdische landen zu nächtlicher Stunde heimlich auf der Erde und tragen Frauen aus den Schlafzimmern, um ihnen im Raumschiff an die Wäsche zu gehen. Manche glauben auch, die „Aliens“ schliefen schon vor Jahrtausen-

den den Menschentöchtern bei, um den genetischen Standard der Menschheit zu heben.

Nun sind Ufo-Gläubige in der Regel ebenso wenig Argumenten zugänglich wie andere Gläubige. Das Argument, dass sich auf Erden nicht einmal Hund und Katze paaren können, ja nicht einmal Mensch und Schimpanse trotz 98 Prozent gleicher Gene, wird mit Hinweis auf überlegene gentechnische Fähigkeiten der Außerirdischen weggewischt.

Nun ja: „Sex sells", und so verkaufen sich Esoterik-Bücher mit lüsternen Fremdlingen sicher besser. In Wirklichkeit müsste man es wohl eher als Sodomie bezeichnen, wenn uns körperlich und geistig überlegene Außerirdische (andere, wenn überhaupt jemand, könnten die riesigen Entfernungen im All gar nicht überwinden) sexuell näher kommen wollten.

Es gibt aber auch ein paar handfeste biologische Gründe, warum das extrem unwahrscheinlich ist. Schon vom Körperbau her gäbe es sicher Probleme. Außerdem dürfte der Körper der Außerirdischen kaum ausgerechnet die bei irdischen Lebensformen verbreitete

DNA als Speichermedium für Erbinformationen verwenden (wenn doch, wäre das eine Riesensensation!). Aber selbst wenn das der Fall sein sollte: Die menschliche DNA enthält etwa drei Milliarden Basenpaare, also sozusagen Buchstaben. Ihre Kombinationsmöglichkeiten übersteigen die Zahl der Atome in unserer Milchstraße. Dazu kommen noch all die Zufälle, die im Laufe der irdischen Evolution das Erbgut veränderten. In „Alien"- und Humanzellkern würde daher überhaupt nichts zueinander passen.
Sagen wir es mal so: Ein Paarungsversuch Mensch – Alpenveilchen wäre immer noch Erfolg versprechender als die Paarung Mensch – Außerirdischer.

## Ein PLANETARIUM ist eine Sternwarte

Wenn Sie wirklich noch nie in einem Planetarium waren: Gehen Sie mal hin. Sie werden es nicht bereuen: Es zeigt zwar nur einen künstlichen Sternenhimmel, der auf die Innenseite einer gewaltigen Kuppel projiziert wird, aber der ist fast schöner als der echte, besser auf jeden Fall als der Anblick der Sterne von lichtüberfluteten Städten aus. Außerdem kann das Gerät den Sternenhimmel und die Bewegungen von Sonne, Mond und Planeten zu allen Zeiten, an allen Orten und mit fast beliebiger Geschwindigkeit darstellen. Moderne Planetarien bieten zudem dank zahlreicher Bildwerfer, Laser, Computer und Toneffekte aufregende multimediale „Astro-Shows". Echte Himmelskörper durch ein Fernrohr bewundern – das können Sie dort allerdings nicht. Ein Planetarium ist keine Sternwarte, sondern eine Einrichtung für lehrreiche Unterhaltung, insofern verwandt mit einem Museum.
Tatsächlich hatte ein Museumsmensch die Idee für ein Projektionsplanetarium, nämlich Oskar von Miller, der Gründer des Deutschen

Museums in München. Er überredete 1913 die Firma Carl Zeiss in Jena, solch ein Gerät zu entwickeln – anfangs wirklich nur, um die Bewegungen von Sternenhimmel und Planeten darzustellen, daher der Name. Des Problems nahm sich dort Walter Bauersfeld an, der schließlich in jahrelanger Kleinarbeit die Realisierung entwickelte. Der erste Weltkrieg kam dazwischen, aber 1923 konnte in München ein Kreis von Fachleuten das „Wunder von Jena", wie es bald genannt wurde, bestaunen. 1925 nahm das Münchener Planetarium seine öffentlichen Vorführungen auf; bereits ein Jahr später öffnete ein zweites am Zeiss-Standort Jena. Und heute existieren Planetarien in fast jeder großen Stadt.

## PLANETEN sind Sterne

Schon den Babyloniern und vielen anderen Völkern fiel auf, dass man bei den hellen Punkten am Nachthimmel zwei Sorten unterscheiden muss. Die weitaus meisten bewegen sich nur mit dem ganzen Himmelsgewölbe. Ihr Abstand untereinander und ihre Position im Vergleich zu den anderen Sternen bleibt immer gleich, und man kann darin mit etwas Fantasie Bilder von Tieren oder mythologischen Figuren erkennen.

Es gibt aber noch eine zweite Sorte von Punkten, die Planeten. Sie sind heller, strahlen meist ruhiger und vor allem: Sie wandern zwischen den anderen Lichtpunkten umher. Offenbar hatten sie einen eigenen Willen, und wenn sie sich am Himmel, im Reich des Überirdischen, frei bewegen konnten, waren sie wohl Göttern gleichzusetzen.

Es dauerte Jahrtausende, bis man herausfand, was Sterne und Planeten wirklich unterscheidet: Planeten bewegen sich wie die Erde um die Sonne. Sie erzeugen kein eigenes Licht, sondern reflektieren nur Sonnenlicht. Zudem stehen sie uns vergleichsweise nah. Die Sterne dagegen strahlen im eigenen Schein. Sie sind Sonnen wie die unsere, nur unvorstellbar weit entfernt – das Licht, das wir von ihnen sehen, war teils jahrhundertelang unterwegs.

## PLUTO ist stets der sonnenfernste Planet

Der von der Sonne am weitesten entfernte Planet ist gleichzeitig der wohl ungewöhnlichste, wenn man seine Umlaufbahn betrachtet. Sie liegt nicht in der gleichen Ebene wie die der anderen Planeten, sondern führt ihn weit nach oben und unten darüber hinaus. Zudem umrundet Pluto die Sonne auf einer Bahn, die viel elliptischer ist als die aller anderen Planeten. Sie führt ihn bis auf 4425 Millionen Kilometer an die Sonne heran und dann wieder 7375 Millionen Kilometer weit weg. Das bedeutet, dass er während seiner 248 Jahre währenden Umlaufzeit jeweils mehrere Jahre innerhalb der Bahn des Neptun wandert, zuletzt zwischen Januar 1979 und Februar 1999. In dieser Zeit war also gar nicht Pluto der äußerste Planet, sondern Neptun.

Obwohl sich ihre Umlaufbahnen überschneiden, besteht keine Gefahr, dass Neptun und Pluto kollidieren. Zum einen, weil Pluto meist weit ober- oder unterhalb der Neptunbahn läuft. Vor allem aber, weil die Umlaufzeiten der beiden Planeten in einem bestimmten, festen Verhältnis stehen: In der Zeit, die Pluto für zwei Sonnenumrundungen braucht, bewegt sich Neptun exakt dreimal um die Sonne. Das hat sich im Laufe der Jahrmilliarden durch die gegenseitige Schwerkraftwirkung der beiden Planeten so eingestellt. So können sie sich nie begegnen, sondern halten immer einen sicheren Mindestabstand von rund 2500 Millionen Kilometer – und das vermutlich schon seit Jahrmilliarden.

**Cäsar konnte mit dem POLARstern die Nordrichtung finden** Jeder Pfadfinder lernt den Trick: Man sucht am Sternenhimmel den „Großen Wagen“; er ist bei klarem Blick immer sichtbar. Den Abstand zwischen den beiden hinteren Sternen des Kastens verlängert man fünfmal in Richtung Kastenoberseite und trifft auf einen Stern mittlerer Helligkeit in einer sternarmen Zone. Von ihm zieht man eine senkrechte Linie zum Horizont hinunter – und in dieser Richtung liegt Norden.

Doch zu Cäsars Zeiten klappte dieser Kniff nicht – aus einem einfachen Grund: Es gab keinen hellen Polarstern.

Der gesamte Sternenhimmel scheint sich einmal am Tag um sich selbst zu drehen. Nur zwei Punkte nehmen an dieser Drehung nicht teil: Himmelsnordpol und Himmelssüdpol. Sie stehen genau über den jeweiligen Polen der Erde. Das ist auch kein Wunder, denn in Wirklichkeit dreht sich ja nicht das Himmelsgewölbe, sondern unser Planet rotiert wie ein Kreisel.

Ebenfalls ähnlich einem Kreisel vollführt die Erde aber noch eine zweite Bewegung: Sie taumelt. Daher beschreibt der Himmelsnordpol einen weiten Kreis auf dem Sternenzelt, den er einmal in 25 800 Jahren durchläuft. Man nennt diesen Zeitraum ein „Platonisches Jahr".

Zurzeit steht der Himmelsnordpol im Sternbild Kleiner Bär, nur knapp zwei Vollmondbreiten von unserem Polarstern entfernt, und kommt ihm bis zum Jahr 2102 sogar noch näher. Dann wird der Abstand wieder größer: In etwa 2000 Jahren durchläuft er das Sternbild Kepheus und wandert dann weiter in den Schwan. Schließlich durchläuft er nach Leier und Herkules den Drachen, und in 25 800 Jahren ist der Himmelsnordpol wieder an der jetzigen Stelle. Eine ähnliche Bahn beschreibt natürlich auch der Himmelssüdpol durch die dortigen Sternbilder.

Eigentlich haben wir noch Glück mit unserem jetzigen mittelhellen Polarstern. Denn oft steht viele Jahrhunderte lang überhaupt kein heller Stern am Himmelsnordpol. Während der Römerzeit etwa gab es dort nur sehr lichtschwache Sterne. Besser hatten es die alten Ägypter beim Bau der Pyramiden: Damals war der helle Stern Thuban im Drachen Polarstern. Und für die Mammutjäger der ausklingenden Eiszeit stand die helle Wega in der Leier nicht allzu weit vom Drehpol des Himmels.

## PROFI-Astronomen sitzen am Fernrohr und beobachten

„Astronomers do it at night": So hat sich das Bild dieses Berufsstands eingeprägt. Sie hocken bei Dunkelheit und klarem Himmel am Okular ihres Teleskops, eingehüllt in warme Mäntel, laben sich bisweilen an heißem Tee und spähen die ganze Nacht in die Tiefen des Alls. Doch diese romantischen Zeiten sind längst vorbei. Natürlich haben früher viele Astronomen tatsächlich so gearbeitet und nächtens in ihrer Sternwarte gesessen, Sternkarten erstellt oder Mondkrater gezeichnet. Als dann besonders leistungsfähige Großteleskope auf abgelegenen Berggipfeln installiert wurden, reisten die Astronomen jeweils für einige Tage dorthin und führten ihr Beobachtungsprogramm durch. Nur teilweise ist dies heute noch so und mit dem Einzug von Datennetzen und lichtempfindlichen Computerchips (CCD) in die Astronomie eröffneten sich auch andere Möglichkeiten. Heute kann man Beobachtungsprogramme von festen Beobachtungscrews vor Ort durchführen lassen und sich anschließend die Daten zuschicken lassen oder die Teleskope sogar fernsteuern, wobei die empfangenen Bilder direkt in einen Rechner übertragen werden. Anders ließe sich etwa das *Hubble*-Weltraumteleskop in seiner Umlaufbahn gar nicht betreiben.

Ein Astronom hat daher heute Arbeitszeiten wie andere Forscher auch. Und er verbringt seine Zeit nicht am Fernrohr, sondern am Schreibtisch, in Bibliotheken, in Hörsälen, am Computer.

Überhaupt ist heute in den meisten Astronomiebereichen der Computer ein häufigeres Arbeitsgerät als das Fernrohr. Viele Astronomen schauen nicht in die Sterne, sondern auf einen Bildschirm, und sie beobachten nicht selber, sondern werten Daten aus oder rechnen. Vorgänge im Innern der Sonne etwa verbergen sich selbst vor den besten Teleskopen. Wohl aber kann man mit Hilfe von Computersimulationen die Verhältnisse nachzubilden versuchen. Das erfordert –

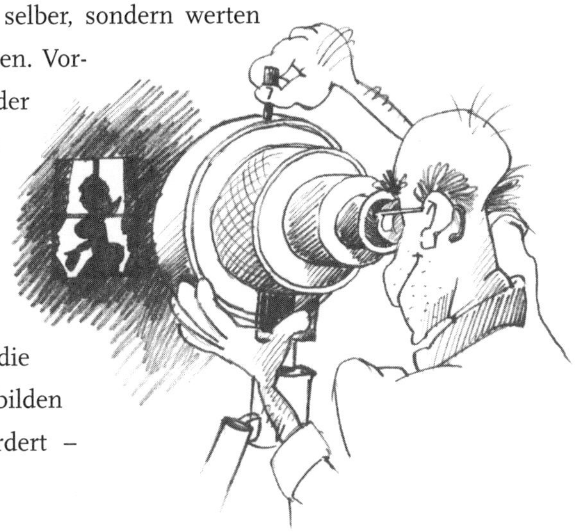

neben möglichst guter Kenntnis der bei hohen Drücken und Temperaturen geltenden Naturgesetze – den Einsatz aufwändiger Hochleistungsrechner. Die Ergebnisse der Simulationen werden dann mit den Beobachtungsdaten verglichen und die eingegebenen Werte etwa für Druck oder Temperatur in den verschiedenen Bereichen im Sonneninnern solange verändert, bis die Simulation ein Ergebnis liefert, das mit der Beobachtung übereinstimmt.

Schließlich gibt es Bereiche der Astronomie, die gar kein Fernrohr im üblichen Sinne benötigen. Sie untersuchen nicht das sichtbare Licht, das aus dem All zu uns dringt, sondern andere Wellenbereiche, etwa Radiowellen, ultraviolettes und infrarotes Licht, Röntgen- und Gammastrahlen. Die dazu nötigen „Fernrohre" sind die riesigen Schüsseln der Radioteleskope oder empfindliche Sensoren an Bord von Satelliten außerhalb der störenden Lufthülle.

Diese Arbeitsweise hat allerdings einen bedauerlichen Nebeneffekt: Viele Sternforscher kennen sich am Sternenhimmel kaum noch aus und werden etwa in der Kenntnis der Sternbilder von begeisterten Hobby-Astronomen locker überflügelt.

## PULSARE sind pulsierende Sterne

Der Name ist natürlich verführerisch: Man denkt automatisch an einen Stern, der sich rhythmisch aufbläht und wieder zusammenschrumpft. Die Idee ist nicht einmal falsch: Solche Sterne gibt es tatsächlich – das Pulsieren ist ein normales Übergangsstadium im Leben vieler Sonnen. Ausgerechnet die Pulsare allerdings pulsieren nicht, sondern senden Pulse aus.

Es war eine Astronomiestudentin, die diese seltsamen Gebilde entdeckte. Bei einer Routinesuche nach Radiosignalen aus dem All machte Jocelyn Bell 1967 eine höchst ungewöhnliche Beobachtung:

periodische Radiowellenpulse, die exakt alle 1,337011 Sekunden eintrafen. Es schien kaum vorstellbar, dass eine natürliche Quelle Radiosignale mit solcher Exaktheit ausstrahlt. Daher meinten Bell und ihr Doktorvater Antony Hewish zunächst, sie hätten den Funkverkehr von Außerirdischen entdeckt und tauften die Radioquelle LGM 1 – von „Little Green Men", kleine grüne Männchen. Im Laufe der folgenden Monate fanden sie noch weitere derartige Radioquellen, darunter eine im Krabbennebel (auch häufig irreführenderweise Krebsnebel genannt), dem Überrest einer riesigen Sternexplosion. Sie sendet sogar rund 30 Pulse pro Sekunde aus und im gleichen Takt Lichtblitze. Das legte nahe, dass die Strahlung doch eine natürliche Ursache hat, und man taufte solche Radiostrahler nun „Pulsare".

Heute wissen wir, dass die Pulsare höchst exotische Gebilde im Weltall sind: Sterne von der Masse einer Sonne, aber dem Durchmesser einer Stadt. Sie entstehen, wenn ein ausgebrannter Stern unter seiner eigenen Schwerkraft zusammenstürzt. Bei diesem Kollaps tritt der bekannte Pirouetten-Effekt auf: Wie eine rotierende Eiskunstläuferin beim Anziehen der Arme ihr Drehtempo erhöht, wird der ursprünglich gemächlich rotierende Stern zum rasenden Ball. Manche Pulsare drehen sich über 600-mal pro Sekunde!

Das ist aber noch nicht alles. Pulsare sind sozusagen Leuchttürme im All. Denn sie senden Licht und Radiowellen aus, und zwar zu scharfen Strahlen gebündelt. Während sich der Pulsar dreht, streichen diese Strahlen wie die Lichtbalken eines Leuchtturms durchs All. Der vorbeihuschende Strahl mancher Pulsare trifft zufällig gerade unser Sonnensystem, und wir können die Pulse empfangen.

Nebenbei: Die Entdeckungsgeschichte der Pulsare ist ein Lehrstück über den Undank der Welt. 1974 gab es dafür nämlich den Nobelpreis für Physik. Aber er ging an Doktorvater Hewish – und nicht etwa die eigentliche Entdeckerin, Jocelyn Bell.

## RADIOastronomen haben etwas mit Hörfunk zu tun

Es ist natürlich begrüßenswert, wenn Astronomen ihr Fachgebiet verständlich und spannend einem breiten Kreis von Interessierten darbieten und dafür Medien wie Rundfunk und Fernsehen nutzen. Bisweilen tun das auch Radioastronomen. Doch eigentlich liegt ihre Hauptbeschäftigung nicht beim Hörfunk, sondern sie spüren nach Radiowellen aus dem All.

Die ersten interstellaren Funksignale wurden durch Zufall entdeckt. Der amerikanische Ingenieur Karl Jansky entwickelte 1931 für die Bell-Telefongesellschaft eine besonders empfindliche Antenne, um damit bestimmte Störungen bei transatlantischen Telefongesprächen aufzuspüren, die damals noch per Kurzwellenfunk liefen. 1932 fand er zu seinem Erstaunen heraus, dass ein Teil dieser Funkstörungen aus dem All kam, und drei Jahre später hatte er das Zentrum unserer Milchstraße als Quelle lokalisiert. Eine aufregende Entdeckung, die auch Schlagzeilen machte.

Der Weltkrieg verzögerte die Entwicklung, aber danach bauten mehrere Länder Radioteleskope und wetteiferten um immer größere Anlagen. Auch Deutschland beteiligte sich daran; in der Eifel entstand ein Radioteleskop mit einer voll beweglichen „Schüssel" von 100 Metern Durchmesser. Das ist kein Größenwahn: Radioteleskope müssen viel größer sein als optische Geräte, weil Radiowellen eine viel größere Wellenlänge haben als Licht und sich daher nur mit riesigen Metallschüsseln gut bündeln lassen. Zudem ist die Stärke der aus dem All kommenden Wellen milliardenfach geringer als die irdischer Radiosender.

Inzwischen gehört die Radioastronomie zu den wichtigsten Forschungszweigen der Sternkunde. Gerade die besonders dynamischen Vorgänge im All, etwa die Entstehung neuer Sonnen, der ex-

plosive Tod ausgebrannter Sterne, die Kollisionen von Galaxien und die als Quasare bekannten turbulenten Kerne ferner Galaxien strahlen intensive Radiowellen ab. Und wer weiß: Vielleicht fangen wir ja eines Tages sogar Radiosignale fremder Intelligenzen auf.

## RAUManzüge sind luftdicht

Der freie Weltraum ist ein höchst unwirtlicher Ort: Ein ungeschützter Mensch verliert dort binnen 15 Sekunden sein Bewusstsein. Sein Blut beginnt wegen des fehlenden Luftdrucks zu sieden. Die Flüssigkeit in den Hautzellen bläht sie unförmig auf. Die ungefilterten Sonnenstrahlen verbrennen zudem die Haut, während der sonnenabgewandte Teil des Körpers gefriert. Vor all diesen Malaisen muss ein Raumanzug seinen Träger schützen. Über viele Stunden hinweg soll er ihm ein komfortables „Heim“ bieten, ihn mit Sauerstoff und Nahrung versorgen, diverse Tätigkeiten erlauben, Funkkontakt zur Außenwelt ermöglichen – und er muss Einrichtungen für diverse „Geschäfte“ bereithalten.

Moderne Raumkleidung ist daher ein technisches Wunderwerk. Sie besteht aus mehreren Schichten spezieller zäher Kunststoffgewebe, die stabil und gleichzeitig weitgehend gasdicht sind. Dennoch wiegt ein Anzug einschließlich des Rucksacks mit Gasvorrat und Lebenserhaltungssystem nur etwa 85 Kilogramm.

Hundertprozentig gasdicht freilich ist er nicht. Etwa fünf bis sechs Liter Gas sickern pro Stunde durch die Nähte und die feinsten Ritzen der Gelenke hinaus und verteilen sich im luftleeren Raum. Gefährlich ist das nicht, jedenfalls solange genug Nachschub an Sauerstoff bereit steht.

Bei Mondmissionen und Flügen mit den Raumfähren ist das kein großes Problem; der Sauerstoff wird von der Erde mitgenommen. Anders könnte das bei Expeditionen zum Mars aussehen. Ein Marsaufenthalt dauert viele Monate, und eingebüßter Sauerstoff lässt sich so fern der Erde nicht leicht ersetzen. Deshalb arbeitet die amerikanische Raumfahrtorganisation NASA an speziellen Marsanzügen. Sie müssen leicht, geschützt gegen den überall eindringenden feinen Staub – und vor allem möglichst gasdicht sein.

# Saturn ist der einzige Planet mit RING

Die Astronomen an Bord des fliegenden Observatoriums erwartete eine Überraschung. Sie waren 1977 zu einem Flug über den Pazifik gestartet, um vom Flugzeug in rund 12 000 Metern Höhe aus mitzuerleben, wie der Planet Uranus vor einem Stern vorüberzieht. Man hoffte, dabei mehr über den Uranus und seine Atmosphäre herauszufinden und hatte die Messeinrichtungen schon lange vor dem vorausberechneten Zeitpunkt der Sternbedeckung bereit, darunter auch empfindliche Lichtstärkesensoren.

Und das erwies sich als Glücksfall. Denn zum Erstaunen der Beobachter wurde das Licht des Sterns schon 35 Minuten vorher plötzlich für einige Sekunden schwächer, und dann noch mehrere Male, bis die Scheibe des Uranus wie erwartet den Stern fast eine halbe Stunde lang zudeckte. Nach der Sternbedeckung wiederholte sich das Spiel im umgekehrten Rhythmus.

Es gab nur eine Erklärung für das Phänomen: Uranus musste Ringe besitzen, freilich so dünne, dass sie bisher nicht entdeckt worden waren. Heute wissen wir, dass diese Ringe nur wenige Kilometer dick sind, damit sind sie aber trotzdem viel weniger kompakt als die Saturnringe. Das zeigten Nahaufnahmen der *Voyager-2*-Sonde 1986. Außerdem bestehen sie aus ziemlich dunklem Material.

Nur zwei Jahre später besuchte die Raumsonde *Voyager 2* den Riesenplaneten Jupiter und fand auch hier ein Ringsystem, ebenfalls aus dunklem Material. Und auch der vierte Riesenplanet, Neptun, ist von dünnen Ringen umgeben – *Voyager 2* lieferte 1989 Nahaufnahmen davon.

Alle vier Riesenplaneten besitzen also Ringe, nicht nur Saturn. Dessen System aus über 3000 Einzelringen ist freilich das bei weitem schönste.

## Der Doppler-Effekt verursacht die ROTverschiebung der fernen Galaxien

Das liest man in vielen Büchern, aber streng genommen handelt es sich dabei nicht um den uns aus dem Alltagsleben bekannten Doppler-Effekt.

Den akustischen Doppler-Effekt kennt jeder von der Sirene eines vorbeifahrenden Krankenwagens: Beim Näherkommen hört man einen höheren Sirenenton als im Moment des Passierens oder beim Wegfahren. Grund dafür ist, dass die Schallwellen beim Näherkommen gestaucht werden, also mehr Wellenberge pro Sekunde beim Zuhörer eintreffen – und das entspricht einer Steigerung der Tonhöhe.

Den gleichen Effekt beobachtet man beim Licht. Bewegen sich etwa Sterne in unsere Richtung, sind die Wellen ihres bei uns eintreffenden Lichts gestaucht, was wir als Verschiebung zum Blau erkennen. Wegeilende Sterne zeigen umgekehrt eine Rotverschiebung.

Der Doppler-Effekt ist also eine Auswirkung der Geschwindigkeit. Die sehr weit entfernten Galaxien aber haben eigentlich kein großes Eigentempo von uns weg, sie jagen nicht mit halber Lichtgeschwindigkeit in einen offenen Raum hinein vor uns davon. Ihre scheinbare Flucht hat eine ganz andere Ursache: Der Raum zwischen ihnen und uns dehnt sich aus. Ein beliebtes Anschauungsmodell dafür ist ein Kuchenteig mit Rosinen im Backofen. Dort jagen die Rosinen auch nicht voreinander davon, trotzdem vergrößert sich ihr Abstand, weil der Teig zwischen ihnen aufquillt. Je weiter eine Galaxie von uns entfernt ist, desto länger ist das von ihr stammende Licht dieser Raumdehnung ausgesetzt, und desto höher ist ihre „Kosmologische Rotverschiebung“. Es handelt sich daher nicht um den Doppler-Effekt, wie wir ihn von der Erde kennen.

Die aus der „Fluchtgeschwindigkeit“ errechnete Entfernung der Galaxien ändert sich dadurch allerdings nicht. Denn rechnerisch macht es keinen Unterschied, ob das Tempo der Galaxien oder der sich aufblähende Raum zwischen ihnen die Lichtwellen dehnt.

## Der SATURNring ist durch ein großes Fernrohr immer zu beobachten

In früheren Zeiten liebten es Wissenschaftler, nicht nur lateinisch zu parlieren, sondern ihre Entdeckungen auch in Form von Anagrammen zu verschlüsseln, also als Sätze mit umgestellten Buchstaben. Zwei Beispiele: „smaismrmilmepoetaleumibunenvgttavrias“ und „aaaaaaa ccccc d eeeee g iiiiiii llll mm nnnnnnnnn oooo pp q rr s ttt uuuuu“. Die Absicht war in diesen beiden Fällen die gleiche: sich die Priorität einer Entdeckung zu sichern, ohne sie zunächst bekannt zu geben. Und es ging um die gleiche Sache, nämlich die Ringe des Planeten Saturn.

Der italienische Naturforscher Galileo Galilei hatte 1610 den Saturn durch sein recht einfaches Fernrohr beobachtet und sich über dessen Form gewundert: Er sah gar nicht rund aus wie ein typischer Planet, sondern schien zwei Ohren oder Henkel zu haben. Er formulierte seine Entdeckung in dem Satz „Altissimum planetam tergeminum observavi“ (Den obersten Planeten habe ich in Dreiergestalt beobachtet) und veröffentlichte sie verschlüsselt im ersten Anagramm. Es hat ihn nicht wenig verblüfft, dass diese „Henkel“ bei einer späteren Beobachtung wieder verschwunden waren. Ähnliche Erfahrungen machten in den nächsten Jahren auch andere Astronomen: Meist hatte Saturn seine seltsamen „Ohren“, manchmal aber waren sie verschwunden. Was war bloß da oben los?

Des Rätsels Lösung fand 1656 der Holländer Christiaan Huygens mit einem besseren Teleskop. Er erkannte, dass Saturn von einem weiten, aber extrem dünnen Ring umgeben ist. Bisweilen wendet er

uns seine dünne Kante zu und ist dann unsichtbar. Diese Entdeckung hielt er in dem Satz fest: „Annulo cingitur, tenui plano, nusquam cohaerente, ad eclipticam inclinato“ (Er ist von einem dünnen, flachen Ring umgeben, der ihn nirgends berührt und der zur Ekliptik geneigt ist) und codierte ihn zum zweiten Anagramm oben.
In den letzten Jahrzehnten haben Raumsonden faszinierende Bilder des Saturnringsystems zur Erde gefunkt. Sie zeigen, dass es aus Tausenden von einzelnen Ringen besteht, jeder eine Wolke aus kleinsten Fels- und Eisbrocken. Der Gesamtdurchmesser dieses Systems liegt bei 400 000 Kilometern. Das Erstaunliche aber: Es ist nur rund 500 Meter dick!
Meist schauen wir von der Erde aus von schräg oben oder unten auf die Ringe. Im Laufe eines Saturnjahres, das 29,5 Erdjahre lang ist, dreht uns Saturn aber zweimal genau die Ringkante zu. Und die ist so hauchdünn, dass sie selbst das beste irdische Teleskop nicht zeigt. Kein Wunder: Würde man den Saturnring so verkleinern, dass er nur noch so dünn wäre wie ein Stück Papier, hätte er immer noch die Fläche eines Fußballplatzes.

## Die Erde ist eine SCHEIBE

Der tägliche Augenschein bestimmte das Weltbild der alten Kulturen. Sie stellten sich ihren Lebensraum vor als Scheibe, überwölbt von einer Himmelskuppel mit Sternen, Mond und Sonne. Manche sahen im Blau einen Himmelsozean, in dem tagsüber die Sonne, nachts die Sterne schwammen. In der Sintflutsage, in der Jahwe die „himmlischen Wasser“ auf die Erde niedergehen lässt, wurden solche Vorstellungen noch einmal lebendig.
Erst gegen Ende des 5. Jahrhunderts v. Chr. propagierten die Pythagoräer, eine griechische Philosophenschule, alle Himmelskörper

und auch die Erde seien in Wahrheit Kugeln. Zu diesem Schluss waren sie freilich nicht durch Beobachtungen gekommen, sondern weil sie die Kugel für die vollkommenste aller Formen hielten – im Grunde hatten sie eher zufällig das Richtige getroffen.

Beobachtungsergebnisse überzeugten bald aber auch andere Gelehrte von der Kugelform der Erde. Eudoxos von Knidos etwa war um 400 v. Chr. aufgefallen, dass viele Sterne am Nachthimmel ihren

Höchststand immer näher am Zenit erreichen, je weiter man nach Süden reist. Er stellte sogar einen ersten Globus her und schätzte den Erdumfang mit 44 000 Kilometern erstaunlich gut.

Der Naturforscher Aristoteles hatte dann um 330 v. Chr. schon zahlreiche Argumente für eine kugelförmige Erde parat. Etwa, dass man von am Horizont auftauchenden Schiffen zuerst die Mastspitzen sieht und dass bei Mondfinsternissen der Schatten der Erde auf dem

Mond stets kreisförmig ist – nur eine Kugel ergibt bei jeder Beleuchtungsrichtung einen Kreisschatten. Seine Weltsicht blieb bis in die Neuzeit bestimmend. Als daher Kolumbus 1492 zu seiner berühmten Fahrt gen Westen aufbrach, war für Fachleute die Scheibengestalt der Erde längst kein Thema mehr. Die damaligen Gelehrten warfen Kolumbus nicht vor, dass er an die kugelförmige Erde glaubte, sondern dass er sie viel zu klein einschätzte – und sie hatten damit völlig recht. Kolumbus hatte eigentlich nur ein geradezu unverschämtes Glück, dass in gerade noch erreichbarer Entfernung Amerika lag – über den Pazifik hätte er es nie geschafft.

## SCHWARZE Löcher saugen alles auf

Ein schwarzer, gieriger Schlund, der Sterne, Planeten oder wenigstens Gaswolken in sich hineinschlingt und rundherum in weitem Umkreis alles kahl putzt – so stellt man sich gemeinhin ein Schwarzes Loch vor. Eine Art gefräßiger kosmischer Polyp, der mit seiner gigantischen Anziehungskraft Jagd macht auf alle Arten von Materie, die dann auf Nimmerwiedersehen aus unserem Universum verschwindet.

Ein plastisches Bild. Aber ganz so schlimm ist es nicht. Würde sich zum Beispiel unsere Sonne in ein Schwarzes Loch verwandeln, zögen die Planeten ungestört weiter ihre Bahn. Für sie ist es nämlich völlig egal, ob die Sonnenmasse auf das jetzige Volumen verteilt ist oder auf den Rauminhalt eines Tennisballs. In der Entfernung etwa des Merkurs bliebe die Anziehungskraft in beiden Fällen völlig gleich. Die Planeten würden also keineswegs in das neue Schwarze Loch hineingesaugt. Nur Materie, die zu nahe herankommt, stürzt hinein. Bei genügendem Abstand sind Sterne selbst vor Schwarzen Löchern mit milliardenfacher Sonnenmasse sicher.

Freilich kann man an das Massenzentrum eines Schwarzen Loches viel näher herankommen als an das der Sonne. Und mit schrumpfender Entfernung spürt man wachsende Schwerkraft. Es gibt also gewaltige Gravitationskräfte an einem Schwarzen Loch, aber eben nur in allernächster Nähe. Schon in wenigen tausend Kilometern Entfernung wäre freilich die Schwerkraft so mächtig, dass sie ein anfliegendes Raumschiff in Stücke reißt, weil sie auf seinen Bug viel stärkere Zugkräfte ausübt als aufs Heck.

In einer bestimmten Entfernung, die von der Masse des Schwarzen Lochs abhängt, bildet sich eine Grenze zum restlichen Universum, der „Ereignishorizont". Bei einem Schwarzen Loch von einer Sonnenmasse beträgt diese Distanz etwa drei Kilometer. Was innerhalb dieser Grenze ist, kann das Schwarze Loch niemals verlassen; das gilt auch für das Licht. Auch von außen gesehen ist der Ereignishorizont eine Grenze: An dieser Stelle ist die Schwerkraft so gewaltig, dass sie sogar die Zeit stillstehen lässt!

S

## Kometen haben immer einen SCHWEIF

Die meiste Zeit ihres Daseins haben sie gar keinen. Aber zu bestimmten Zeiten bilden sie sogar mehrere.

„Schmutzige Schneebälle“ hat der amerikanische Forscher Fred Whipple die Kometen einmal genannt. Ihre Kerne bestehen vor allem aus Eis, gefrorenen Gasen wie Kohlendioxid und Ammoniak und eingebettetem Gesteinsstaub. Man nimmt heute an, dass eine gigantische Wolke aus über einer Billion solcher Kerne unser Sonnensystem umgibt. Diese „Oortsche Wolke“ liegt weit jenseits der Plutobahn, bis zu einem Lichtjahr von der Sonne entfernt. Hin und wieder, so stellt man sich vor, kann durch gravitative Störungen ein Komet ins Innere des Planetensystems geschleudert werden, in Richtung Sonne.

Erst deren Wärme formt dann den typischen Schweifstern. Durch ihre Nähe verdampft Eis an der Kernoberfläche, und der entweichende Wasserdampf reißt Staubteilchen mit. Schnelle elektrisch geladene Teilchen, die die Sonne ausstößt, treiben die Gasmoleküle vom Kometenkopf weg. So entsteht ein gerader Schweif, der exakt in die Gegenrichtung zur Sonne weist. Das energiereiche Sonnenlicht bringt die Gasatome dazu, eigenes bläuliches Licht auszustrahlen. Die feinsten Staubteilchen lassen sich vom „Sonnenwind“ weniger beeindrucken. Sie spüren aber den Strahlungsdruck des Lichtes: Die Photonen prasseln gleichsam auf ihre Oberfläche und üben einen schwachen, aber merklichen Druck aus. So bildet sich ein zweiter Schweif, der meist eher gelblich leuchtet. Er ist allerdings nicht kerzengerade: Die Anziehungskraft der Sonne auf die Staubteilchen kann ihm eine leichte Krümmung verleihen.

Der Sonnenwind weht nicht immer gleich stark. Man hat daher schon Kometen mit vier und mehr Schweifen sowie Schweifabrissen beobachtet, die bisweilen aussahen wie eine im Wind zerflatternde Rauchfahne.

## Satelliten kreisen in der SCHWERElosigkeit

Und deswegen fallen sie nicht herunter. Das ist die vorherrschende Meinung – umgekehrt jedoch wäre es richtig: Weil Raumstationen und Satelliten fallen, herrscht an Bord Schwerelosigkeit. Wenn eine Raumstation in etwa 400 Kilometer Höhe still stünde – etwa weil sie an der Spitze eines Super-Mastes befestigt wäre – würden die Bewohner nämlich durchaus die irdische Schwerkraft spüren. Sie wäre nur etwa zehn Prozent geringer als am Boden.

Umgekehrt kann man selbst in Bodennähe schwerelos werden. Wenn jemand vom Dach springt, spürt er während des Falls keine Schwerkraft. Fallschirmspringer und Bungee-Jumper kennen und schätzen dieses Gefühl.

Man spürt eine Kraft nämlich nur, solange man ihr Widerstand leistet. Schon Kinder wissen das: Beim Tauziehen muss man sich anstrengen, aber wenn einer das Tau loslässt, purzelt der andere, weil er nun unversehens keinen Widerstand mehr leisten muss.

Ein Satellit oder eine um die Erde kreisende Raumstation befinden sich im freien Fall. Sie leisten der Schwerkraft der Erde keinen Widerstand. Nur fallen sie nicht in Richtung Erdmittelpunkt, sondern besitzen eine so hohe Eigengeschwindigkeit quer dazu, dass sie eine Kreisbahn beschreiben – so wie ein geworfener Stein nicht senkrecht zu Boden fällt, sondern in einer gekurvten Bahn. Beim Satelliten nun ist diese Kurve so groß, dass er an der Erde vorbeisaust. Er fällt ständig, aber er fällt immer wieder an der Erde vorbei – und umkreist sie daher.

## Der Mond spürt vor allem die SCHWERkraft der Erde

Klar, schließlich kreist er ja um die Erde, oder? Nun weiß allerdings ein guter Wissenschaftler, dass man besonders solchen Dingen gegenüber misstrauisch sein muss, die plausibel klingen oder gar selbstverständlich scheinen, und prüft im Zweifelsfall lieber nach.
Nach dem Newtonschen Gravitationsgesetz lassen sich die Kräfte, die jeweils von der Erde und von der Sonne her auf den Mond wirken, leicht berechnen. Und siehe da: Die Sonne zieht den Mond etwa doppelt so stark an, wie es die Erde tut. Eigentlich müsste man daher sagen: Der Mond umrundet die Sonne. Nur ist er dabei, wenn auch schwächer, an die irdische Schwerkraft gebunden und beschreibt deshalb nicht eine glatte Bahn um die Sonne, sondern eine Schlangenlinie mit etwa zwölf Ausbuchtungen pro Umlauf – den Erdumkreisungen. Ausgerechnet unser Mond ist also eigentlich keiner. Eher trifft es die Sache, wenn man Erde und Mond als Doppelplanetensystem bezeichnet.

## Sonnenfinsternisse sind SELTENE Ereignisse

Eine totale Sonnenfinsternis ist ein aufwühlendes Ereignis: Wenn sich der schwarze Kreis des Mondes vollständig vor die Sonne schiebt und man die roten Feuerzungen der Protuberanzen und den hellen Schein der Korona leuchten sieht, senken sich Dunkelheit und Kühle über die Erde, und die Natur scheint für einige Minuten den Atem anzuhalten. Eine Mondfinsternis wühlt längst nicht so viele Emotionen auf; sie wird eher als „interessant" empfunden, und es ist nett, den vom Erdschatten getroffenen Mond mal in einem fahlen, kupferroten Schimmer leuchten zu sehen.

Schon viele Menschen haben eine Mondfinsternis gesehen, nur wenige dagegen eine totale Sonnenfinsternis – zumal das Ereignis von 1999 in Europa überwiegend verregnet war. Daher könnte man meinen, Sonnenfinsternisse seien sehr selten. Das stimmt aber nicht. Pro Jahr können bis zu fünf Sonnenfinsternisse eintreten. Sie müssen freilich nicht unbedingt total sein, bisweilen bleibt ein ringförmiger heller Rand bestehen, weil der Mond gerade weiter entfernt von der Erde ist und daher die Sonne nicht vollständig bedeckt. Oder es bleibt sogar noch ein größerer Teil der Sonne zu sehen, weil der Mond die Sonne von der Erde aus gesehen nur teilweise bedeckt. Dann ist die Sonnenfinsternis partiell.

Dagegen finden pro Jahr nur etwa zwei Mondfinsternisse statt. Allerdings: Eine Mondfinsternis kann von der gesamten Nachthälfte der Erde aus beobachtet werden, weil der große Schatten der Erde den kleinen Mond vollständig abzudecken vermag.
Der Mond dagegen wirft bei einer Sonnenfinsternis einen weit kleineren Schatten auf die Erde. Eine schwarze Sonne erlebt daher nur,

wer sich gerade in der Bahn des über die Erdoberfläche huschenden Mondschattens befindet.
Jeder Ort auf der Erde kann im Mittel nur alle paar Jahrhunderte mit einer Sonnenfinsternis Besucher anlocken. Mondbewohner wären hier eindeutig im Vorteil – denn bei jeder Mondfinsternis könnten sie von der ganzen der Erde zugewandten Mondseite eine Sonnenfinsternis beobachten. Der Grund ist – wie schon gesagt – der große Erdschatten, der den Mond völlig bedeckt.

## Die Erde ist ein SICHERER Ort zum Leben

Ein Blick in die Erdgeschichte verrät das genaue Gegenteil: Unsere Heimat ist ein Planet der Katastrophen. Immer wieder haben „Massensterben" einen Großteil der Tier- und Pflanzenarten dahingerafft, oft mehr als die Hälfte aller Arten. Das bekannteste dieser Aussterbe-Ereignisse traf vor 65 Millionen Jahren die Dinosaurier. Doch es ist nur eines von mehreren Dutzend, und nicht einmal das schlimmste: Vor 245 Millionen Jahren, zwischen Perm- und Triaszeit, wurden mit einem Schlag über 90 Prozent aller Arten vernichtet.
Die wichtigste Ursache gerade der ärgsten Schicksalsschläge, dafür mehren sich die Indizien, sind Meteoriten, mächtige Brocken aus dem Weltall. Sie schlagen als gigantische Geschosse ein und reißen bisweilen einen kilometergroßen Krater. Katastrophale Einschläge, das zeigen die Forschungen der letzten Jahre, sind keine Ausnahmen, sondern in erdgeschichtlichem Maßstab relativ häufig. Kleinere Brocken, die immer noch regionale Verwüstungen hervorrufen und eine Großstadt zerstören können, sind alle 1000 bis 100 000 Jahre zu erwarten. In diese Kategorie fällt etwa das „Tunguska-Ereignis" von 1908, das auf einer Fläche von 2 200 Quadratkilometer

alle Bäume umknickte. Zum Glück traf es eine der vielen abgelegenen, dünn besiedelten Gebiete unseres Planeten; es hätte aber auch Berlin oder New York ausradieren können.
Selten, im Abstand von vielen Millionen Jahren, führen Einschläge zu einer globalen Klimaveränderung. Sie würden mit Sicherheit die menschliche Zivilisation zerstören, und vielleicht sogar unsere Art auslöschen.

Die Menschheit ist dieser Bedrohung bisher praktisch schutzlos ausgeliefert. Zwar laufen inzwischen einige Suchprogramme, die vor Brocken auf Kollisionskurs warnen sollen. Aber wer weiß schon, ob wir wirklich alle früh genug entdecken. Und selbst wenn eine Warnung zehn Jahre vor dem Einschlag käme, hätten wir keine Möglichkeit, eine Katastrophe mit Sicherheit zu verhindern. Szenarien mit Wasserstoffbomben, die einen solchen Brocken ablenken oder sprengen sollen, wie in den Filmen „Armageddon“ oder „Deep Impact“, sind riskant, weil die Folgen der Bombenexplosion nicht genau vorhersagbar sind.

Doch selbst wenn unser Planet von größeren Einschlägen verschont bliebe, wäre in spätestens einer Milliarde Jahre Schluss: Dann nämlich nimmt die Strahlung der Sonne so zu, dass die Ozeane kochen und verdampfen und schließlich die Erdoberfläche verbrennt. Das ist aber kein Grund, in Trübsal zu versinken: Mit uns hat das nichts mehr zu tun – Menschen wie uns gibt es in 1000 Millionen Jahren sowieso längst nicht mehr.

## Der Mond ist hell wie **SILBER**

Das könnte man meinen, wenn er in strahlender Pracht am dunklen Nachthimmel leuchtet. Aber unser Auge ist zum Abschätzen von Helligkeiten schlecht geeignet und lässt sich leicht täuschen. In Wirklichkeit liegt die „Albedo“ des Mondes, also die Rückstrahlung, bei etwa 0,07. Das bedeutet: Er wirft nur gerade sieben Prozent des auftreffenden Lichtes zurück, kaum mehr als eine staubige Asphaltstraße. Die Venus reflektiert dagegen 76 Prozent – kein Wunder, dass sie oft so hell strahlt.

Selbst die Erde hat eine Albedo von immerhin rund 39 Prozent, nicht zuletzt dank ihrer weißen Wolken. Das „aschgraue Mondlicht“, das eine schmale Mondsichel andeutungsweise zur vollen Mondscheibe ergänzt, ist reflektiertes Erdlicht. „Widerschein eines Widerscheins“ nennt es Alexander von Humboldt in seinem Monumentalwerk „Kosmos“. Wenn wir nur eine kleine Mondsichel sehen, hat ein Beobachter auf dem Mond noch fast „Vollerde“. Sie leuchtet etwa hundertmal heller als der Vollmond. Teils wegen ihrer weit höheren Albedo, und außerdem ist ihr Durchmesser am Mondhimmel viermal so groß, die leuchtende Fläche beträgt also das 16fache.

# Im SOMMER steht die Erde näher an der Sonne

Und deshalb ist es im Sommer warm und im Winter kalt. Klingt logisch. Ist es aber nicht. Schon deshalb nicht, weil die Verhältnisse auf der Südhalbkugel genau andersherum sind: Wenn wir am Strand liegen, haben die Neuseeländer kurze und kühle Tage, zu Weihnachten dagegen Hochsommer.

Mit der Entfernung zwischen Erde und Sonne können die Jahreszeiten also nichts zu tun haben. Zwar schwankt die Distanz tatsächlich, denn die Umlaufbahn der Erde ist kein Kreis, sondern eine

Ellipse, also eine ovale Bahn. Doch ausgerechnet im Januar erreicht die Erde ihren sonnennächsten Punkt und ist dann 147 Millionen Kilometer vom wärmenden Zentralgestirn entfernt, im Juli dagegen 152 Millionen Kilometer. Aber dieser Unterschied ist ohnehin viel zu gering, um die Temperaturdifferenzen zu erklären.

In Wirklichkeit sind die Jahreszeiten eine Folge der schrägen Erdachse. Sie steht nämlich nicht senkrecht auf der Erdbahnebene, so dass die Sonne ganzjährig senkrecht auf den Äquator schiene. Sondern die Erde liegt etwas schief in ihrer Bahn, im Winkel von 23,5 Grad. Zu bestimmten Zeiten trifft daher die Sonneneinstrahlung verstärkt auf die nördliche Halbkugel, so dass es bei uns sommerlich warm wird. Ein halbes Jahr später, wenn die Erde den gegenüberliegenden Teil ihrer Bahn erreicht hat, wendet sie statt dessen die südliche Halbkugel stärker der Sonne zu, und bei uns herrscht dann Winter.

## Die SONNE ist kurz nach dem Urknall entstanden

Zum Glück nicht: Sie hat sich viel Zeit gelassen, sonst gäbe es uns nicht. Die vielen chemischen Elemente, aus denen die Erde und zum Teil auch unser Körper besteht, haben sich nämlich keineswegs zusammen mit dem Universum gebildet. Das Ur-Universum vor etwa 13,7 Milliarden Jahren enthielt praktisch nur Wasserstoff und Helium, aber weder Kohlenstoff noch Sauerstoff, Stickstoff, Silizium, Schwefel oder Eisen gab es in nennenswerten Mengen.

Schon früh – rund 100 bis 400 Millionen Jahre danach – existierten aber schon Sterne. Sterne sind gewaltige Einrichtungen zum Herstellen großer Atomkerne. Denn in ihrem Kern spielen sich Fusionsprozesse ab, die kleine Atomkerne zu größeren verschmelzen; die dabei frei werdende Energie speist den Stern. In massereichen Sternen entstanden im Laufe vieler Jahrmillionen auf diese Art die schweren Elemente bis hinauf zum Eisen.

Hat solch ein Riesenstern schließlich alle für die Fusion geeigneten Atomkerne verbraucht, verabschiedet er sich in einer gigantischen

Explosion. Er leuchtet dann einige Tage lang heller als alle Sterne einer Galaxie zusammen. Im Milliarden Grad heißen Feuersturm einer solchen Explosion bilden sich auch schwerere Atomkerne bis jenseits des Urans und werden als Staubwolke ins All geblasen.
Eine solche Sternexplosion nennt man Supernova, denn von der Erde aus gesehen sieht sie bisweilen aus wie ein neu entstandener, besonders heller Stern. Sie kann sogar so hell sein, dass sie tagsüber am Himmel sichtbar ist. Heute sind Supernovae aber selten. Anders in der Frühzeit des Alls: Immer wieder sind damals Supernova-Feuerstürme in den Galaxien aufgeblitzt. Nach und nach reicherten sie den Staub zwischen den Sternen mit schweren Elementen an. Und aus einer solchen Staubwolke bildeten sich unsere Sonne und ihre Planeten. Das geschah vor rund 4,6 Milliarden Jahren, als das Universum also schon rund neun Milliarden Jahre alt war.

## Die SONNE ist ungefähr so groß wie der Mond

Tatsächlich erscheinen Sonne und Mond am Himmel fast gleich groß. Doch diese Übereinstimmung ist reiner Zufall. In Wirklichkeit ist nämlich die Sonne rund 400-mal größer als der Mond – aber sie steht auch gerade 400-mal so weit entfernt von uns.
Verglichen mit anderen Monden im Sonnensystem ist unser Mond recht groß; er liegt immerhin an fünfter Stelle. Dennoch ist er weit kleiner als die Erde. Würde man den Mond auf die Erdoberfläche legen, reichte er nur gerade vom Nordkap bis Sizilien. Und seine Oberfläche entspricht etwa der Fläche von Afrika plus Europa.
Ganz anders die Sonne. 109 Erdkugeln müsste man nebeneinander stellen, um ihren Durchmesser zu erreichen. Ihr Volumen bietet sogar 1,3 Millionen Erdkugeln Platz. Und wenn man die Sonne auf

eine gigantische Waage legen könnte, würden erst 330 000 Erdkugeln den Waagebalken ins Gleichgewicht bringen.
So dominiert die Sonne ihr Planetensystem in jeder Hinsicht: Sie allein hat rund 1000-mal soviel Masse wie alle Planeten zusammen – einschließlich der Riesen Jupiter und Saturn.
Für uns hat die annähernde Größengleichheit von Sonne und Mond am Himmel freilich einen großen Vorteil: Wir können Sonnenfinsternisse besonders gut beobachten, weil der Mond die Sonne gerade eben vollständig abdeckt, so dass ihr schöner Strahlenkranz (die Korona) sichtbar wird.

## SONNENfinsternisse kann man mit einer Sonnenbrille beobachten

Das ist so ähnlich wie mit Pilzen: Man kann alle essen, manche aber nur einmal. Im Ernst: Man kann sich natürlich eine Sonnenfinsternis durch eine Sonnenbrille anschauen. Man sollte es aber nicht tun, schon gar nicht längere Zeit. Denn Sonnenbrillen sind dafür gefertigt, an schönen Tagen in die sonnenüberflutete Landschaft zu schauen, etwa auf hellen Sandstrand oder gleißenden Schnee im Hochgebirge. Der Sonnenball selbst aber ist zu hell für normale Sonnenbrillen, selbst für solche guter Qualität, und würde die Augen schädigen.

Noch gefährlicher sind Sonnenbrillen schlechter Qualität. Sie halten unter Umständen das energiereiche ultraviolette Licht (UV-Licht) der Sonne nicht genügend zurück. Solche Brillen sind weit schlechter als gar keine. Denn weil sie das sichtbare Licht schwächen, öffnen sich die Pupillen weit. Das für uns unsichtbare UV-Licht dringt dann ungehindert ins Augeninnere und zerstört die Netzhaut. Daher beim Kauf auf UV-Schutz (UV-400-Etikett und CE-Zeichen) achten! Aber auch mit UV-Schutz sind Sonnenbrillen keinesfalls ausreichend zur Beobachtung der Sonne, denn auch die von der Sonne kommende Infrarotstrahlung schädigt die Augen, indem sie das empfindliche Augeninnere aufheizt.

Es gibt aber spezielle Brillen zum Beobachten der Sonne. Zum ersten Mal in großem Maßstab kamen sie zur totalen Sonnenfinsternis 1999 auf den Markt. Sie bestehen aus Kunststofffolie, die beidseitig mit reflektierenden Schichten bedampft ist, und lassen (wenn sie unbeschädigt sind!) weit weniger Licht durch als normale Sonnenbrillen. Mit diesen Brillen kann man eine Sonnenfinsternis gefahr- und folgenlos beobachten.

Bei dieser Gelegenheit übrigens eine dringende Warnung: Schauen Sie nie einfach so durch ein Fernglas oder Fernrohr in die Sonne, es sei denn, es trägt ein spezielles Sonnenschutzfilter. Ein Fernrohr wirkt wie ein Brennglas, nur viel stärker – Sie können sich ausmalen, wie die Hitze Ihrem Auge bekommen würde ...

S

## SONNENflecken sind dunkel

Nun ja, sie sind dunkler als die übrige Sonnenoberfläche. Aber selbst das dunkle Zentrum eines Sonnenflecks, das oft größer als die Erdkugel ist, strahlt blendend hell. Kein Wunder: Zwar ist es rund 2000 Grad kühler als die restliche Sonnenoberfläche, es hat aber immer noch 4000 Grad Celsius. Dunkel erscheint es nur, weil es rund 80 Prozent weniger Licht ausstrahlt.

Anfangs wollte man Flecken auf dem Tagesgestirn gar nicht wahrhaben: Mit dunklen Pusteln vertrug sich weder die Vorstellung eines erhabenen und makellosen Sonnengottes noch eines reinen himmlischen Zentralfeuers. Sah man doch mal etwas, konnten es also höchstens Dinge zwischen Sonne und Erde sein.

Erst der Ingolstädter Jesuitenpater Christian Scheiner, der um 1610 mit einem frühen Fernrohr ein Bild der Sonne auf Papier projizierte, musste sich eingestehen, dass diese Flecken tatsächlich mit der Sonne zusammenhingen, weil sie langsam über die Sonnenscheibe wanderten. Auch andere Beobachter, darunter Galileo Galilei, kamen zu dem gleichen Schluss, und langsam setzte sich die Erkenntnis von den Flecken auf dem Sonnenantlitz durch. Die Chinesen allerdings hatten, unbelastet von westlichen Denkblockaden, die Sonnenflecken schon vor 2000 Jahren entdeckt.

Auch heute noch sind Sonnenflecken recht geheimnisvolle Gebilde. Wir können längst nicht alle mit ihnen verbundenen Erscheinungen erklären. Immerhin kennt man ihre Ursache: gigantische Magnetfelder, die in der elektrisch leitfähigen solaren Materie auftreten. An manchen Stellen durchdringen sie die Oberfläche und behindern das Aufsteigen heißer Gase aus dem Sonneninnern. Dort bildet sich dann ein Sonnenfleck: ein dunkler Bereich, umgeben von einem etwas weniger dunklen, fasrig strukturierten Hof.

# Das SONNENsystem reicht bis zur Plutobahn

Das war bis vor einigen Jahren unter Astronomen wie Laien praktisch selbstverständlich. Folglich hatte das Sonnensystem einen Radius von etwa sechs Milliarden Kilometern, also 40 Astronomischen Einheiten (AE, eine AE entspricht der Entfernung Erde – Sonne, rund 150 Millionen Kilometer).

Heute wissen wir, dass das Reich der Sonne weit umfassender ist. Planeten bildeten sich nur in Sonnennähe. In größerer Entfernung dagegen blieb noch viel „Bauschutt“ jener Gas- und Staubwolke übrig, aus der einst das Sonnensystem entstand.

Jenseits der Neptunbahn liegt zum Beispiel der ringförmige „Kuiper-Gürtel“. Er reicht etwa 500 AE ins All hinein und besteht wohl vor allem aus Millionen von Kometenkernen, also Bällen aus Eis und Staub. Mindestens 35 000 dieser Brocken scheinen sogar Durchmesser von mehr als 100 Kilometer zu haben, einige wenige sogar über 1000 Kilometer. Nur mit Mühe sind von der Erde aus wenigstens die größten Himmelskörper zu entdecken, die im Dämmerlicht der fernen Sonne ihre Bahnen ziehen. Als fernste Welt mit eigenem Namen gilt seit 2004 der Kleinplanet Sedna, der zurzeit rund 90 AE weit entfernt seine Bahn zieht; sie führt ihn in etwa 12 000 Jahren einmal um die Sonne. Rätselhaft ist die Farbe des fast plutogroßen Körpers, ein dunkles Rot.

Noch viel weiter entfernt vermuten viele Forscher eine weitere Wolke aus rund einer Billion Kometenkernen, die kugelförmige „Oortsche Wolke“. Sie umgibt das Sonnensystem wahrscheinlich bis in etwa 100 000 AE Entfernung, das entspricht gut anderthalb Lichtjahren. Vielleicht schließt eine ebensolche Wolke unser Nachbarsystem Alpha Centauri ein. Dann mag es sein, dass sich diese Wolken sogar überlappen – und, wer weiß, vielleicht tauschen sie sogar Material aus.

S

# Astronauten auf dem Mond versinken im STAUB

Das fürchteten viele Astronomen bis zur ersten Landung eines Raumfahrzeugs auf unserem Trabanten. Es gab tatsächlich die Sorge, die Landefähre würde in einer viele Meter mächtigen Schicht aus weichem Staub untergehen und wäre rettungslos verloren. Sciencefiction-Autoren beschrieben den Mond noch wenige Jahre vor der ersten bemannten Mondlandung so, wie etwa Arthur C. Clarke in seinem Roman „Im Mondstaub versunken“ von 1961, in dem ein Passagierfahrzeug fast spurlos im Staub verschwindet.

Tatsächlich ist die Mondoberfläche von Staub bedeckt. Ständig schlagen kleine und große Meteoriten auf dem Mond ein, ungebremst von einer Atmosphäre, und zerpulvern das Gesteinsmaterial. Der erste Mond-Astronaut Neil Armstrong berichtete: „Die Oberfläche ist fein und pulverig, sie klebt wie Kreide in feinen Schichten an den Sohlen und Seiten meiner Schuhe. Meine Fußabdrücke sind in diesem feinen Material deutlich zu erkennen.“

Die lunare Staubschicht gibt der Mondlandschaft die weichen Konturen. Sie ist zwischen zwei und acht Meter dick, in manchen Gebieten sogar 15 Meter. Doch die Körnchen haften zum Glück so fest aneinander, dass man kaum einsinkt. Staubstürme wie auf dem Mars kennt der Mond natürlich mangels Luft nicht. Auch aufgewirbelte Staubwolken verschwinden rasch wieder: Wegen der fehlenden Luft schweben die Teilchen nicht, sondern fallen wie Steine ungebremst zu Boden.

Man nennt den Mondstaub „Regolith“. Er besteht großteils aus winzigen, glasartigen Kügelchen aus geschmolzenem und wieder erstarrtem Gestein. Der Staub ist extrem feinkörnig und zeichnet daher die Fußspuren scharf nach – noch heute, über 30 Jahre später, sind sie gut zu sehen.

# Vom Himmel können keine STEINE fallen

Die Wissenschaft hat sich große Verdienste beim Bekämpfen des Aberglaubens erworben. Aber bisweilen schossen Forscher übers Ziel hinaus. So war seit Jahrtausenden bekannt, dass mitunter Stein- oder Eisenbrocken unter Feuerschein und Donner vom Himmel auf die Erde fallen. Weil diese Objekte vom Himmel, also aus der göttlichen Sphäre kamen, hielt man sie für Geschenke oder gar Gesandte der Götter, ehrte sie und baute ihnen manchmal sogar spezielle Kultstätten. Der heilige schwarze Stein in der Kaaba, dem muslimischen Heiligtum in Mekka, gehört vermutlich in diese Kategorie.

Dann aber setzte sich die Erkenntnis durch, dass Mond und Planeten Himmelskörper sind und keineswegs Götter. Also schickten sie auch keine Boten zur Erde. Fortan galten solche Erzählungen als Märchen, und selbst Augenzeugenberichte wurden oft lächerlich gemacht und weiter nicht beachtet. Natürlich konnte man die seltsamen, wie verbrannt aussehenden Steine nicht wegdiskutieren, die von Zeit zu Zeit gefunden wurden. Aber solche Gebilde zeugten nach Meinung der Wissenschaftler von früheren Blitzeinschlägen in den Erdboden. Das erklärte auch die Berichte von Feuerschein und Donner. Diese Theorie klang allemal wahrscheinlicher als die Annahme, sie seien „aus dem Himmel“ gefallen.

Erst der Physiker Ernst F. F. Chladni nahm sich ernsthaft der Sache an, sammelte Fund- und Fall-Berichte aus ganz Europa und schaute sich die fraglichen Objekte an. Er konnte 1794 anhand dieser Berichte beweisen, dass tatsächlich Steine und Metallbrocken aus dem Weltall auf die Erde gestürzt sein mussten. Zwar stieß seine Meteoritentheorie bei vielen Forschern zunächst eher auf Ablehnung, aber nach und nach setzte ein Umdenken ein. Zumal die Natur selbst kräftig nachhalf: 1803 ging in der Bretagne ein ganzer Steinregen mit über 2000 Bröckchen nieder. Die Pariser Akademie der Wissenschaften schickte zur Untersuchung den Physiker Jean Baptist Biot vor Ort – und sein Bericht räumte dann letzte Zweifel aus.

## Die Sterne eines **STERN**bilds gehören zusammen

Schon vor Jahrtausenden, als es nachts noch richtig dunkel wurde, haben die Menschen nach Möglichkeiten gesucht, sich in der verwirrenden Sternenfülle des Nachthimmels zurechtzufinden. Es lag nahe, helle, beisammen stehende Sterne zu Bildern zu kombinieren, in denen man vielleicht ein Tier oder sonst ein vertrautes Motiv erkennen konnte. Anfangs werden die Sternbilder vor allem zum Wieder-

erkennen bestimmter Sternkonstellationen gedient haben, aber mit der Zeit wurden sie mit mythologischem Inhalt gefüllt. Jahrhundertelang galten Sternbilder als ebenso reale Naturerscheinungen wie Sonne und Mond.

Doch in Wirklichkeit existieren sie gar nicht. Denn die Sterne sind eben nicht, wie einst geglaubt, als Lichtpunkte an schwarzem Samt befestigt, sondern stehen als leuchtende Gaskugeln frei im Raum – und zwar in ganz unterschiedlichen Entfernungen. Die hellen Sterne im Wintersternbild Orion etwa haben zwischen 240 und 1400 Lichtjahre Distanz von uns. Es gibt nichts, was sie alle in der Realität miteinander verbindet. Das vertraute Bild, in dem die Griechen den „Himmelsjäger" Orion gesehen haben, ist nur von unserer Position im All aus zu erkennen. Beobachter auf einem Planeten etwa des Polarsterns könnten vielleicht die gleichen Sterne wahrnehmen – aber sie sähen sie in völlig anderer Anordnung.

## STERNE, die wir sehen, existieren mit Sicherheit

Im Grunde sind Astronomen eine Art Historiker: Sie blicken in die Vergangenheit. Ursache dafür ist die riesenhafte Größe des Universums. Es ist so gewaltig, dass selbst das Licht, gemessen am Maßstab des Alls, kriecht wie eine Schnecke. Und das, obwohl es sich mit der höchstmöglichen Geschwindigkeit ausbreitet. Ein Lichtstrahl durchmisst in einer einzigen Sekunde rund 300 000 Kilometer, er liefe also mehr als siebenmal um den Äquator. Doch was ist das schon gegen die Distanzen im All: Selbst das Licht der Sonne braucht über acht Minuten zu uns. Und dabei steht uns die Sonne vergleichsweise nahe. Das Licht von Sirius etwa war acht Jahre zu uns unterwegs. Vom Polarstern hat die Reise 430 Jahre gedauert; es wurde abgestrahlt, noch

bevor in Europa der 30-jährige Krieg tobte. Lichtstrahlen unserer Nachbargalaxie, dem Andromeda-Nebel, brauchten für die Reise durchs All sogar rund 3 Millionen Jahre: Als es losflog, experimentierten unsere Vorfahren erstmals mit einfachen Steinwerkzeugen. Andere Galaxien schließlich sind viele Milliarden Lichtjahre von uns entfernt: Wir empfangen von ihnen Lichtstrahlen und Radiowellen, die ausgesandt wurden, bevor es die Erde überhaupt gab.
All diese Himmelsobjekte sehen wir so, wie sie sich beim Abflug des Lichts darboten, eventuell also vor vielen Jahrhunderten oder sogar Jahrmillionen und Jahrmilliarden. Was seither dort geschah, bleibt uns zunächst verborgen, denn Informationen können nicht schneller reisen als das Licht. Wenn zum Beispiel der Polarstern gerade jetzt explodiert, würde die Kunde davon erst unsere Nachfahren in 430 Jahren erreichen.

## Das Weltall ist voller **STERNE**

Richtig – und doch falsch. Die Zahl der Sterne im All ist tatsächlich „astronomisch". Allein unsere Milchstraße besteht aus 100 bis 200 Milliarden Sonnen. Wollte man mit einer Art „Super-Super-Teleskop" alle nacheinander anschauen und auf jede nur eine Sekunde verwenden, müsste man dafür über 6000 Jahre lang rund um die Uhr arbeiten. Dazu kämen noch zahlreiche unscheinbare Himmelskörper, wie erloschene Sonnen, Planeten, Monde, Kometen und andere kleinere Brocken und schließlich Gas- und Staubwolken.
Und neben unserer Milchstraße gibt es weitere Galaxien. Manche enthalten mehr als hundertmal so viele Sterne. Je empfindlicher die Fernrohre werden, je weiter sie ins Universum hinausreichen, desto höher steigt die Zahl der bekannten Galaxien. Zurzeit liegen Schätzungen bei über 500 Milliarden.

Und dennoch ist das Universum im Grunde leer. Es stellt ein Vakuum von einer Güte dar, wie es auf Erden kein Forscher auch nur annähernd zustande bringt. Der Raum zwischen den Planeten ist dabei mit über zehn Millionen Teilchen pro Kubikmeter sogar noch verhältnismäßig dicht von Materie erfüllt. Die Sonne bläst ständig Riesenmengen geladener Teilchen in den interplanetaren Raum, dazu kommen Reste der Staubwolke, aus der sich einst das Sonnensystem formte. Im Vergleich mit dem besten Vakuum auf der Erde (rund 25 Billionen Teilchen pro Kubikmeter) ist er aber doch weitgehend leer. Noch weit weniger Teilchen gibt es im interstellaren Raum, also zwischen den Sternen der Galaxien. Er enthält im Durchschnitt weniger als eine Million Atome pro Kubikmeter. Trotzdem können interstellare Wolken zur Wiege neuer Sonnensysteme werden und der Staub darin stellt rund 10 Prozent der Galaxienmasse.
Noch weit materieärmer aber ist schließlich der intergalaktische Raum, die unendliche Weite zwischen den Galaxien. Gerade hier sind die Entfernungen gewaltig – im Durchschnitt beträgt der Abstand zwischen zwei Galaxien in einem Galaxienhaufen mehr als eine Million Lichtjahre, und die Distanz zwischen den Superhaufen einige hundert Millionen Lichtjahre. Hier gibt es gigantische öde Gebiete, in denen man eher selten mal auf ein Atom trifft.
Aus all diesen Zahlen kann man die mittlere Dichte des Universums abschätzen. Sie liegt bei rund einem Atom pro einer Million Kubikmeter. So betrachtet, ist das All also wirklich außerordentlich leer.

## Unsere Sonne ist einer der hellsten STERNE der Milchstraße

Hinter dieser Meinung steht der Gedanke: Wenn schon die Erde nicht im Zentrum des Universums steht, dann soll doch wenigstens unsere Sonne etwas Besonderes sein. Die Untersuchung Tausender von Sternen hat allerdings diesen Traum wie eine Seifenblase zerplatzen lassen: Unsere Sonne ist ein ganz normaler Stern, der laut Douglas Adams in „Per Anhalter durch die Galaxis" in den „unerforschten Einöden eines total aus der Mode gekommenen Ausläufers des westlichen Spiralarms der Galaxis" leuchtet.

Zwar besitzt sie ungefähr doppelt so viel Masse wie „Otto Normalstern" unserer Milchstraße. Aber es gibt Sterne, die sie bei weitem übertreffen, ganz besonders hinsichtlich ihrer Leuchtkraft. Sirius, der hellste Stern an unserem Himmel, besitzt die 23fache Leuchtkraft der Sonne. Aber das ist noch nichts, verglichen mit dem Fußstern Rigel rechts unten im Sternbild Orion: Er vereinigt sogar die Leuchtkraft von 40 000 Sonnen in sich. Der funkelnde Schulterstern Beteigeuze, links oben im Orion, ist 600-mal so groß wie unser Zentralgestirn und strahlt sogar rund 60 000-mal so hell. Gegen den Stern Eta Carinae im Sternbild Schiffskiel allerdings würden sie beide wirken wie Kerzen neben einem Halogenscheinwerfer: Mit der Helligkeit von fünf Millionen Sonnen gilt Eta Carinae zurzeit als leuchtstärkster Stern.

Und das ist noch längst nicht der Gipfel. Wenn ein massereicher Stern als „Supernova" explodiert, strahlt er so hell wie mehrere Milliarden Sonnen – wenn auch nur einige Tage lang.

## Die meisten STERNschnuppen sieht man abends

Es ist zwar bequemer, vor dem Schlafengehen in den dunklen Himmel zu spähen, als mitten in der Nacht aus den Federn zu kriechen. Aber wenn man möglichst viele Sternschnuppen beobachten will, hat man in der zweiten Nachthälfte weit bessere Chancen.

Sternschnuppen sind verglühende Staubkörnchen aus dem All. Sie rasen mit einem Tempo von 10 bis 70 Kilometern pro Sekunde in die obere Erdatmosphäre hinein. Dabei pressen sie die Luft vor sich mit solcher Gewalt zusammen, dass sie rund 3000 Grad Celsius heiß wird und aufleuchtet. Das Staubkörnchen verdampft rasch, aber seine Flugbahn ist kurz als Lichtspur am Himmel sichtbar – als Sternschnuppe.

Nun saust aber auch die Erde auf ihrer Bahn um die Sonne mit rund 30 Kilometern pro Sekunde durchs All und trifft dabei manchmal sogar auf Wolken solcher Staubkörnchen. Ein irdischer Beobachter ist dabei in der gleichen Situation wie ein Autofahrer im Schneegestöber: Schaut er durch die Windschutzscheibe, fliegen die Flocken in großer Zahl auf ihn zu und lagern sich aufs Glas. Blickt er dagegen nach hinten, sieht er viel weniger Flocken, und das Rückfenster bleibt halbwegs frei.

Ein Blick in den Abendhimmel entspricht dem Blick durch die Heckscheibe. Erst in der zweiten Nachthälfte hat sich der Beobachter mit der Erde so weit gedreht, dass er in ihre Flugrichtung schaut. Gegen sechs Uhr morgens hat der scheinbare Zielpunkt der Erdbewegung den höchsten Punkt am Himmel erreicht. Jetzt kommt es zu den meisten „Frontalzusammenstößen“ mit Staubteilchen. Und deshalb sieht man, wenn es um diese Zeit dunkel ist, viel mehr Sternschnuppen als abends.

Mit einer Ausnahme: Wenn die Erde gerade eine Staubwolke passiert, wenn es für den Beobachter Abend ist, hat er natürlich Glück und erlebt besonders viele Sternschnuppen, ohne vor Tau und Tag aufstehen zu müssen.

## STERNzeichen stehen am Himmel

„Stier sucht Jungfrau" – solche Anzeigen findet man bisweilen in der Kontaktbörse von Zeitungen. Gemeint sind damit Menschen mit bestimmten Geburtsterminen. Nach Meinung mancher Mitbürger bestimmt gerade dieses Datum – noch vor Genen, Erziehung und Erfahrung – ihren Charakter.

Mit Astronomie hat das allerdings nichts zu tun. Sternzeichen ist kein astronomischer Begriff. Das Wort ist vielmehr eine Mixtur aus „Sternbild" und „Tierkreiszeichen".

Sternbilder nannte man ursprünglich die mythologischen Gestalten oder Tiere, die man in den Anordnungen bestimmter heller Fixsterne zu erkennen meinte. Die heutige Astronomie nutzt den Begriff „Sternbild" aber nur noch als Ortsangabe am Himmel, als Name eines bestimmten, genau begrenzten Himmelsareals.

Einige Sternbilder haben einen besonderen Platz am Himmel. Sie liegen nämlich auf der Ekliptik, der Bahn von Sonne, Mond und Planeten über unseren Himmel. Weil diese Sternbilder meistens Tiere darstellen, haben schon die alten Griechen sie als „Tierkreissternbilder" hervorgehoben, und ihre Anordnung am Himmel den „Tierkreis" oder Zodiakus genannt.

Im Altertum war der Tierkreis wichtig, um die jeweilige Position der Sonne oder eines Planeten anzugeben. Allerdings hatte diese Art der Ortsangabe einen Nachteil: Die Tierkreissternbilder waren am Himmel sehr unterschiedlich groß. Der griechische Astronom Hipparchos teilte daher den Tierkreis um 130 v. Chr. in zwölf gleich lange Abschnitte, die er nach dem jeweils nächsten Tierkreissternbild benannte. Diese Abschnitte nannte er Tierkreiszeichen oder Zodiakalzeichen.

Damals war das ein Fortschritt. Heute aber benutzen die Astronomen diese Einteilung längst nicht mehr; sie ziehen zur Positionsbestimmung von Planeten oder der Sonne die genauen Angaben in Winkelgraden vor, zumal Tierkreiszeichen und Tierkreissternbilder aufgrund eines langfristigen Taumelns der Erdachse längst nicht mehr übereinstimmen. Man nennt dieses Taumeln Präzession. Nur die Astrologen, die Sterndeuter, haben die Tierkreiszeichen und vor allem die Sternzeichen noch in Gebrauch.

## In ferner Zukunft **STÜRZT** der Mond auf die Erde

Schon die Gallier fürchteten sich angeblich davor, „dass uns der Himmel auf den Kopf fällt". Sollte das geschehen, liegt es aber bestimmt nicht an unserem Nachtgestirn. Es kommt der Erde nämlich nicht näher, sondern entfernt sich im Gegenteil ständig – um rund vier Zentimeter pro Jahr. Das kann man durch Messungen mit Laserlichtstrahlen sehr leicht und genau feststellen.

Der Grund dafür ist allerdings schwieriger zu verstehen. Die Gezeitenreibung bremst die Drehung der Erde und bewirkt, dass unsere Tage immer länger werden. Der Gesamtdrehimpuls des Mond-Erde-Systems aber bleibt erhalten, denn diese Energie können die Himmelskörper nicht einfach abgeben. Stattdessen verteilt er sich auf die beiden Körper, genauer: Die Erde überträgt einen Teil ihres Drehimpulses auf den Mond.

Man kann sich das anschaulich etwa so vorstellen, dass die Flutberge der Erde mithilfe ihrer Gravitation den Mond auf seiner Bahn ständig ein bisschen „anschubsen". Das aber wiederum bewirkt, dass er von der Erde wegdriftet. Wieder ein anschauliches Modell: Auch ein Pendel, das ständig angeschubst wird, schlägt immer weiter aus, entfernt sich also weiter vom Ruhepunkt.

## Ein TAG auf dem Mond ist kürzer als auf der Erde

Vielleicht kam es zu diesem Irrtum, weil der Mond kleiner ist. In Wahrheit dauert ein Tag auf dem Mond nämlich volle 29 Tage. Die Hälfte der Zeit, also über 14 Erdtage lang, scheint die Sonne, die zweite Hälfte herrscht die Mondnacht.

Solche Verhältnisse würden die Erde in einen höchst ungemütlichen Wohnort verwandeln. Der Sonnenschein triebe die Hitze unerträglich hoch, die Nacht brächte grimmige Kälte. Zwar würden Lufthülle und Ozeane die Temperaturunterschiede zum Teil ausgleichen, aber um den Preis verheerender Sturmwinde und mächtiger Meeresströmungen.

Der Mond aber hat keine Luft und kein Wasser. Deshalb erhitzt sich die Mondoberfläche im Sonnenschein rasch auf rund 120 Grad Celsius. Die Astronauten, die ja wegen der besseren Lichtverhältnisse im Mondtag landeten, stapften auf heißem Gesteinsstaub umher. Nachts dagegen wird es auf dem Mond unangenehm frisch – minus 130 Grad Celsius. Das Gestein strahlt die aufgenommene Wärme schnell ins All, denn der Mond hat keine schützende Luftschicht und erst recht keine Wolken. In tiefen, polnahen Kratern, in die nie ein Sonnenstrahl dringt, hat man sogar –233 Grad Celsius gemessen – sie zählen zu den kältesten Punkten im ganzen Planetensystem.

## TAGSüber stehen keine Sterne am Himmel

Und ob. Wir können sie nur nicht sehen, weil unser eigener Stern, die Sonne, sie mit ihrem Licht überstrahlt. Das heißt, eigentlich trifft die Sonne nur einen Teil der „Schuld". Auf dem Mond nämlich kann man sehr wohl die Sterne neben der Sonne sehen. Aber dort ist der Himmel auch nicht blau, sondern pechschwarz. Denn es gibt dort keine Lufthülle.

Die Luftmoleküle nämlich streuen das Sonnenlicht: Sie fangen es auf und strahlen es dann gleichmäßig in alle Richtungen wieder ab. So verteilen sie die solare Lichtfülle über den ganzen Himmel. Das ist für uns sehr angenehm, weil dadurch die Sonne nicht gar so hell ist und auch keine pechschwarzen, scharfen Schatten wirft. Das von den Molekülen gestreute Licht aber überstrahlt das recht schwache Licht der meisten Sterne. Selbst der Mond wirkt eher blass am Tageshimmel. Morgens oder abends in der Dämmerung aber, wenn das Sonnenlicht nicht so intensiv ist, gelingt es zumindest den hellsten Sternen gerade noch durchzudringen.

Übrigens ist es ein Märchen, dass man tagsüber Sterne sehen kann, wenn man den Himmel durch einen Kaminschacht betrachtet. Erstens überstrahlt das Blau auch dort, und zweitens steht kaum jemals ein heller Stern in einem so engen Gesichtsfeld.

## Sterne kann man gegen Geld TAUFEN

Die Fantasie mancher Menschen ist nahezu unglaublich, wenn es um den schnellen Euro geht. Und den höchsten Gewinn kann man natürlich mit Dingen erzielen, deren „Einkauf" nichts kostet – zum Beispiel Sterne.

Die hellsten Fixsterne haben natürlich längst Namen, meist arabischen oder griechischen Ursprungs wie etwa Beteigeuze, Sirius oder Antares. Die Astronomen haben sie darüber hinaus noch nach ihrer Helligkeit katalogisiert und mit griechischen Buchstaben versehen. Der jeweils hellste Stern in einem Sternbild trägt den Buchstaben „Alpha", der zweithellste „Beta" und so weiter. Daran wird die Abkürzung des Sternbildes angehängt. Alpha Cyg ist also der hellste Stern im Schwan (lateinisch Cygnus). Lichtschwächere Sterne werden nummeriert oder durch ihre Koordinaten am Himmel gekennzeichnet. Zuständig für die Namensgebung ist keine Firma, sondern die Internationale Astronomische Union.

Nun ist es natürlich nicht verboten, Sterne sozusagen auf privater Basis zu taufen und diesen Namen eventuell irgendwo zu speichern. Eine „Sterntaufe", wie sie auch eine deutsche Firma anbietet, kann sogar ein nettes Geschenk sein, zumal sie mit Urkunde, Sternkarten und diversen astronomischen Informationen garniert wird und so beim Beschenkten vielleicht sogar Interesse für die Sternkunde weckt. Nur: Mit der offiziellen Namensgebung von Sternen hat das nichts, aber auch gar nichts zu tun.

In den USA gibt es allerdings Firmen, die damit werben, man könne gegen Gebühr bei ihnen einem Stern einen Wunschnamen geben – den eigenen oder etwa den eines geliebten Menschen – und dieser Name würde dann ganz offiziell in die Sternkataloge eingetragen und von den Astronomen verwendet. Nur: Dies trifft natürlich nicht zu und ist schlicht unseriös.

Wenn Sie, liebe Leserin und lieber Leser, Ihren Namen am Himmel wiederfinden möchten, sollten Sie Kometensucher werden. Was Sie brauchen, ist nur ein besonders lichtstarker Feldstecher, ein klarer, dunkler Himmel, gute Kenntnis der Sterne, viel Zeit und noch mehr

Glück. Jedes Jahr tauchen mehrere Schweifsterne auf und werden oft von Amateuren entdeckt – Berufsastronomen haben für die mühsame Kometensuche in der Regel keine Zeit. Kometen aber werden traditionsgemäß nach ihren Entdeckern benannt, und zwar ganz offiziell. Mit etwas Glück wird Ihr Komet dann nach einigen Monaten sehr hell, und Sie finden Ihren Namen nicht nur in den astronomischen Archiven, sondern in Zeitungen aus aller Welt.

## Der TIERkreis besteht aus zwölf Sternbildern

Tierkreis oder Zodiakus nennt man seit dem Altertum das Band von Sternbildern entlang der Bahn der Sonne und der Planeten am Himmel. Die alten babylonischen Sterndeuter hatten entlang dieses Weges ursprünglich sechs Sternbilder gesehen. Später erweiterten sie diese Zahl auf zwölf. Die Griechen (und übrigens auch die Chinesen) sahen in den meisten dieser Sternbilder Tiere, wie etwa Steinbock, Stier, Krebs, Widder und Fische; daher der Name Tierkreis.

Wir haben viele Sternbildnamen von den Griechen übernommen. Allerdings waren diese Sternbilder im Altertum nicht genau begrenzt, sondern konnten nur zur ungefähren Positionsangabe am Himmel benutzt werden. Die Internationale Astronomische Union hat daher 1925 den Himmel in 88 Sternbilder aufgeteilt und deren Grenzen genau festgelegt. Dabei wurde der Tierkreis erweitert: Zwischen Skorpion und Schütze kam als 13. Sternbild der Schlangenträger hinzu.

Die Astrologen haben freilich von dieser Erweiterung keine Kenntnis genommen. Sie nutzen weiterhin ihre zwölf Tierkreiszeichen. Aber das spielt auch keine Rolle, weil sich die Astrologie sowieso nicht um die wirklichen Stellungen der Himmelskörper kümmert – schließlich basiert sie auf einem seit mehr als 2000 Jahren überholten Bild der Welt (s. auch S. 130).

## Am Himmel TUT sich nichts

Gut, man muss sich nicht für Sonne, Mond und Sterne interessieren – obwohl wir in einer Zeit leben, wo es auf diesem Gebiet mehr aufregende Neuigkeiten gibt als in Jahrhunderten zuvor. Aber Sie, liebe Leser, interessieren sich zweifellos für den Himmel, sonst hätten Sie dieses Buch nicht gekauft (oder geschenkt bekommen). Außerdem teilen Sie Ihr Interesse mit Millionen anderen Menschen, die sich astronomische Bücher und teure Fernrohre anschaffen, um selbst die Wunder des Himmels anzuschauen.

Immerhin glaubte man jahrhundertelang tatsächlich, die Bewegungen am Himmel seien ein Abbild göttlicher Ordnung und bis in alle Ewigkeit festgelegt: der Lauf von Sonne und Mond, die Drehung des Sternenhimmels, die Bewegung der Planeten. Wenn etwas auftauchte, was nicht in diese Ordnung passte, wurde es prompt als Zeichen der Götter aufgefasst, meist als Signal für kommendes Unheil. Freilich hielten auch die Astronomen bis ins zweite Drittel des 20. Jahrhunderts den Kosmos für eher ruhig und geordnet. Erst die neuen Beobachtungsmöglichkeiten mit höchst empfindlichen Licht- und Radioteleskopen, mit Sensoren für Röntgen-, Gamma- und andere Strahlung zeigten, wie dynamisch das All ist mit seinen explodierenden Sonnen, Schwarzen Löchern, wirbelnden Gasmassen und kollidierenden Galaxien. Friedrich Schiller wusste das noch nicht, aber zu Recht lässt er seinen Wallenstein sagen: „Am Himmel herrscht geschäftige Bewegung.“

Und selbst Hobby-Beobachter können heutzutage Veränderungen am Himmel beobachten, die man früher nicht einmal für möglich gehalten hätte: das Werden und Vergehen von Sonnenflecken, das Heranrasen von Kleinplaneten, Kometen mit prächtigen Schweifen, das Pulsieren von Sternen und vieles mehr.

## Raumschiffe können mit ÜBERlichtgeschwindigkeit reisen

Sie ist das liebste Kind von Sciencefiction-Autoren: die überlichtschnelle Reise durchs All. An sich kein Wunder. Angesichts der unvorstellbaren Distanzen von Stern zu Stern oder gar von Galaxie zu Galaxie würde ein Raumflug mit dem Tempo heutiger irdischer Raketen viele Jahrtausende dauern und die Romanhandlung unschön in die Länge ziehen.

Das Problem ist nur: Albert Einstein hat bewiesen, dass sich nichts schneller als das Licht bewegen kann, das im luftleeren Raum immerhin ein Tempo von knapp 300 000 Kilometern pro Sekunde entwickelt. Seine Theorie wurde inzwischen vielfach bestätigt. Normale Materie, etwa ein Atom, kann nicht einmal diese Geschwindigkeit erreichen. Denn je mehr man es beschleunigt, desto mehr nimmt

seine Masse zu. Bei „normalem“ Tempo spielt dieser Effekt keine Rolle, wohl aber bei Geschwindigkeiten nahe der Lichtgeschwindigkeit. Dann kann man in die Materieteilchen noch so viel Energie hineinpumpen, sie werden nicht schneller. In Teilchenbeschleunigern beobachtet man das tagtäglich. Auf Lichtgeschwindigkeit beschleunigte Raketen kann man also vergessen.

Noch schlimmer: Selbst wenn es sie gäbe, wären sie zu langsam. Angesichts der gigantischen Entfernungen im All scheint selbst das Licht nur zu kriechen. Zum Sirius wäre ein lichtschnelles Raum-

schiff acht Jahre unterwegs, Beschleunigungsphase beim Abflug und Abbremsen am Ziel nicht gerechnet. Eine Reise zum Zentrum der Milchstraße würde sogar rund 30 000 Jahre dauern, und zur Andromeda-Galaxie bräuchte man über 2,7 Millionen Jahre.
Weil das natürlich auch Sciencefiction-Autoren wissen, haben sie eine Vielfalt von Tricks ersonnen, wie ein Raumschiff weit schneller als das Licht durchs All reisen könnte – Abkürzungen durch einen „Hyperraum“, „Warp-Antriebe“, die den Raum künstlich verzerren, oder „Wurmlöcher“ als Querverbindungen zwischen weit entfernten Teilen des Alls – oder gar zwischen verschiedenen Universen. Das Problem all dieser Ideen ist allerdings: Selbst wenn sie physikalisch möglich sein sollten, erfordern sie eine Unmenge Energie oder bestimmte exotische Materiearten, die bisher nur spekulativ sind. Es sieht nicht so aus, als ob wir in den nächsten Jahrzehnten diese Probleme lösen könnten – wenn überhaupt jemals.

## Das Universum ist UNENDLICH groß

Nach dem Stand der Forschung ist es nicht unendlich groß, es hat aber auch kein Ende im Sinne von „Grenze“.
Das klingt paradox, ist es aber nicht. Stellen Sie sich eine zweidimensionale Ameise auf einer großen Kugeloberfläche vor. Die dritte Dimension, in der die Oberfläche gekrümmt ist, kann sich das Tier nicht einmal ausmalen. Würde es seine Welt durchwandern, stieße es niemals an eine Grenze, sondern käme nach einer vollständigen Umrundung wieder an den Ausgangspunkt zurück. Die Kugeloberfläche hat für die Ameise kein Ende, ist aber bekanntlich keineswegs unendlich groß. Ähnlich denkt man sich das Universum – nur ein paar Dimensionen höher.

Im Falle des Universums kommen allerdings weitere Komplikationen hinzu. Es wird größer, denn es dehnt sich aus – wir müssen uns unsere Ameise sozusagen auf einem anschwellenden Luftballon krabbelnd denken. Außerdem sind die Entfernungen im Universum bereits jetzt riesig. Wir können schon deshalb nur einen Teil überblicken, weil das Licht aus den ferneren Regionen noch gar nicht bei uns angekommen ist. Die Ameise in unserem Modell könnte also nur einen winzigen Fleck der Ballonoberfläche überblicken.

Es spricht sogar vieles dafür, dass das Universum erheblich größer ist, als man noch vor einigen Jahren glaubte. Messergebnisse an der vom Urknall übrig gebliebenen Reststrahlung legen nahe, dass es kurz nach seiner Geburt eine „Inflationsphase“ durchlief, bei der es sich sprunghaft um mindestens den Faktor $10^{50}$ ausweitete (diese Zahl bedeutet eine 1 mit 50 Nullen!). Das heißt: Der von uns überschaubare Bereich des Universums war beim Urknall nur ein superwinziges Teilgebiet jenes winzigen Ur-Energieballs.

Von dieser Annahme ist es nur ein Schritt zu der Vorstellung, dass sich auch die anderen Teilgebiete jeweils zu Universen ausgedehnt haben. Vielleicht leben wir gar nicht in einem „Uni“-versum, sondern sind Teil eines unvorstellbar gigantischen „Multi“-versums aus Abertrillionen einzelner Welten!

## Die Erde ruht im Mittelpunkt des UNIVERSUMS

Das war für die Menschen viele Jahrtausende lang überhaupt keine Frage, sondern offensichtlich. Jeder konnte schließlich die Bewegungen von Sonne, Mond und Sternen über den Himmel beobachten. Dagegen spürte man keine Bewegung der Erde, also musste sie in der Mitte „ruhen“. Dort gehörte sie nach allgemeiner Ansicht als Heimat des Menschen auch hin. Eher versuchte man, wie wohl zuerst Eudoxos von Knidos um 350 v. Chr., die komplizierte Bewegung besonders der Planeten mit mehreren ineinander verwickelten Kreisbahnen zu erklären.

Nur ganz wenige der griechischen Philosophen versuchten, die Sonne in den Mittelpunkt zu setzen. Der genialste von ihnen war sicher Aristarch von Samos, der von 310 bis 230 v. Chr. lebte. Denn er begründete als erster ein solches System mit astronomischen Argumenten: In seinem System konnten die Planeten auf normalen Kreisbahnen laufen und mussten keine Extrakreise ausführen. Freilich konnte er sich gegen die alten Argumente des „gesunden Menschenverstandes" nicht durchsetzen. Außerdem hielt ihm der schon damals hochberühmte Naturforscher Aristoteles entgegen, dass man von einer um die Sonne kreisenden Erde aus eine kleine Hin- und Herbewegung der Fixsterne sehen müsse. Aristarchs Argument, die Fixsterne seien dafür zu weit weg, erkannte er nicht an (beide Gelehrten hatten übrigens recht, aber erst 1837 konnte man diese winzige Fixsternbewegung nachweisen). Schließlich siegte die überragende Autorität des Aristoteles, dessen Schriften bis in die Neuzeit hinein die Ansichten der Gelehrten bestimmten und auch von der Kirche unterstützt wurden.

So blieb die Erde im Zentrum der Welt, bis Kopernikus und Kepler sie schließlich zugunsten der Sonne aus dem Mittelpunkt des Alls vertrieben.

## Der URKNALL war eine Explosion im Weltall

„Alles rennet, rettet, flüchtet" – das Schiller-Zitat bezieht sich nicht auf die Astronomie, aber es würde passen. Denn die weit entfernten Galaxien streben in rasendem Tempo von uns fort – je weiter sie von uns entfernt sind, desto schneller. Was wiederum bedeutet: In früheren Zeiten standen sie näher beisammen. Nach heutiger Vorstellung hat diese ganze „Fluchtbewegung" vor rund 13,7 Milliarden Jahren eingesetzt, als das Universum im „Urknall" entstand.

Freilich darf man sich diesen Urknall nicht als Explosion irgendwo im Weltraum vorstellen. Es gibt im Universum keinen Punkt, an dem man sozusagen ein Denkmal errichten könnte mit der Aufschrift: „Dies ist der Geburtsort dieses Weltalls". Vielmehr hat sich der Raum selbst aus einem superdichten Zustand heraus ausgedehnt und tut es noch immer. Und der expandierende Raum nimmt die Galaxien mit.

Für dieses Elementarereignis fehlt uns jeder anschauliche Vergleich. Nicht nur die ungeheure Gewalt des Ereignisses ist unvorstellbar, sondern erst recht die Tatsache, dass mit diesem Vorgang auch Raum und Zeit selbst entstanden. Es gab daher kein „außen", niemand konnte den Vorgang als Unbeteiligter beobachten und es gab auch kein „vorher". Auch einen „Knall" im eigentlichen Sinne gab es nicht. Beobachten lässt sich jedoch heute noch der schwache Rest des Ur-Strahlungsblitzes – dies ist die so genannte kosmische Hintergrundstrahlung. Sie ist ein wichtiges Indiz für die Urknalltheorie. Gemäß der Quantenmechanik in der modernen Physik ist es aber unmöglich, den genauen Zeitpunkt Null festzulegen, geschweige denn zu beschreiben, was im allerersten Moment passierte. Man geht heute davon aus, dass sich das Universum aus einer Art Vakuum gebildet hat. Darunter versteht man in der modernen Physik etwas, das nicht absolut leer ist, sondern in dem sich ständig Teilchen und Antiteilchen bilden und auch wieder vergehen. Selbstverständlich können so auch noch viele weitere Paralleluniversen entstanden sein, von denen wir nichts wissen.

**Auf der VENUS ist es schön** Die Venus selbst ist es zweifellos, wenn sie als helles Gestirn am Abend- oder Morgenhimmel strahlt. Bis Mitte des 20. Jahrhunderts glaubten viele Astronomen, die Venus sei eine Art zweite Erde, nur in der Entwicklung noch nicht so weit. Die beiden Planeten schienen sich in der Tat zu ähneln: Sie sind fast gleich groß, und erste Messungen

von der Erde aus zeigten auch ähnliche Temperaturwerte. So gab es Spekulationen, Venus sei eine sumpfige, warme Welt mit primitiven Lebensformen, vergleichbar mit der Erde in der Steinkohlezeit. Zu erkennen war davon freilich auch mit dem größten Teleskop nichts, denn die Venus hüllt sich immerfort in undurchdringliche Wolken. Die Messwerte der zur Venus gesandten Raumsonden zerstörten diese romantische Vorstellung aber gründlich. Die Atmosphäre, so zeigte sich, besteht zum größten Teil aus Kohlendioxid. Das Gas lastet schwer auf der Venusoberfläche: Der Druck ist 90-mal so hoch wie an der Erdoberfläche und entspricht etwa dem in einem Kilometer Meerestiefe. Noch unangenehmer sind die Wolken giftiger und ätzender Schwefelsäure in der Atmosphäre, die auf aktive Vulkane hindeuten. Und schließlich erwies sich die Venus als Gluthölle mit fast 500 Grad Celsius. Ursache ist ein immenser Treibhauseffekt als Folge der dichten Gashülle. Die früheren irdischen Messungen hatten nur die Temperaturen hoch oben in den Wolken gemessen.

## Sterne VERÄNDERN sich nicht

Die Griechen hatten ein einfaches, fest gefügtes Weltbild. Im Zentrum des Alls ruhte die Erde, umkreist von Sonne, Mond und Planeten auf ihren verschiedenen Bahnen. Und außen umschloss eine große dunkle Schale dieses System, an der die Sterne befestigt waren. Sie grenzte das stabile und geordnete Reich der Götter von der vergänglichen und chaotischen Welt der Menschen ab. Die zum Götterreich zählenden Sterne galten ebenfalls als unveränderlich.

Diese Vorstellung hat sich lange erhalten. Doch es gab auch Beobachtungen, die nicht recht dazu passten. So strahlten von Zeit zu Zeit am Himmel extrem helle Sterne auf, wenn auch nur für kurze Zeit. Chinesische Astronomen verzeichneten mehrfach solche „neuen Sterne“. Doch im Westen wurden sie nicht zur Kenntnis genommen oder zumindest nicht protokolliert.

Richtig bekannt wurde erst eine Beobachtung des dänischen Astronomen Tycho Brahe. Er berichtete 1573 von einem neuen Stern am Himmel, einer „stella nova“, die anfangs heller war als die Venus. Dieses „Wunder, wie es seit Anbeginn der Welt nicht gesehen wur-

de“ verfolgte er dann noch 485 Tage lang, bis es zu lichtschwach wurde. Das Bild der unveränderlichen Sternenwelt geriet ins Wanken – zumal schon 32 Jahre später eine weitere Nova erschien. Wie wir heute wissen, sind solche Erscheinungen übrigens gerade das Gegenteil von „neuen“ Sternen: Diese Lichtausbrüche, die heute Supernova genannt werden, markieren den Tod eines Sterns.
Ähnlich beunruhigend wie die „neuen Sterne“ waren solche, die regelmäßig ihre Helligkeit wechselten, die „veränderlichen Sterne“. Es ist zu vermuten, dass Astronomen schon im Altertum zumindest an einem Stern diese Eigenschaft wahrnahmen und als böses Zeichen deuteten, und zwar bei Algol im Sternbild Perseus. Er wechselt seine Helligkeit recht auffällig im Laufe von knapp drei Tagen. Wahrscheinlich trug ihm das den Namen „ Auge der Medusa“ ein: Der Sage nach soll der Blick dieses Monsters die Menschen versteinern. Die arabischen Sterngucker nannten den Stern „raz al-ghul“ (Haupt des Dämons), daraus hat sich unser Name Algol entwickelt. Auch sie misstrauten ihm offenbar. Später führte er den Beinamen „Teufelsstern“ – was so offensichtlich der göttlichen Ordnung widersprach, konnte ja nur vom Widersacher stammen. Heute kennen wir freilich den wahren, keineswegs teuflischen Grund: Ein dunklerer Begleitstern verdeckt regelmäßig einen Teil von Algol.
Neben diesen „Bedeckungsveränderlichen“ kennen wir auch Sterne, die tatsächlich ihre Helligkeit ändern, etwa weil sie sich rhythmisch aufblähen oder zusammenziehen. Der erste Stern, an dem man dieses Verhalten entdeckte, ist Mira im Sternbild Walfisch.
Die moderne Astronomie hat die Vorstellung vom ewigen Sternenhimmel mittlerweile völlig über den Haufen geworfen und gezeigt, dass es eigentlich nur veränderliche Sterne gibt: All diese leuchtenden Gasbälle entstehen irgendwann, verändern sich im Laufe ihrer Existenz und sterben nach einigen Millionen oder Milliarden Jahren.

# Der Mond VERDECKT immer etliche helle Sterne

Angenommen, man würde den Mond – egal, ob Voll- oder Halbmond – plötzlich vom Himmel entfernen: Wie viele helle Sterne kämen zum Vorschein, die hinter seiner Scheibe gestanden hatten? Ich habe mir den Spaß gemacht, unter Freunden und Bekannten danach zu fragen. Die Spanne der Antworten reichte von zwei bis zehn.

In Wirklichkeit sind Sternbedeckungen eher selten. Man muss schon viel Glück haben, um zufällig eine schöne Sternbedeckung durch den Mond zu beobachten – oder in der astronomischen Literatur nachschauen, denn solche Ereignisse lassen sich gut vorausberechnen und werden rechtzeitig angekündigt. Der Mond deckt pro Jahr vielleicht 30 bis 40 mit freiem Auge sichtbare Sterne zu (und das jeweils nur für einige Minuten). Und noch viel weniger richtig helle Sterne, die auch über dem Lichtermeer einer Stadt noch zu erkennen sind. Denn so dicht stehen die hellen Sterne auf der Bahn des Mondes nicht. Und zudem ist selbst der Vollmond viel kleiner, als es uns die Augen vortäuschen: Wollte man vom Horizont bis zum Zenit (dem Himmelspunkt senkrecht über Ihnen) lauter Vollmonde übereinander setzen, hätten 180 Stück von ihnen Platz!

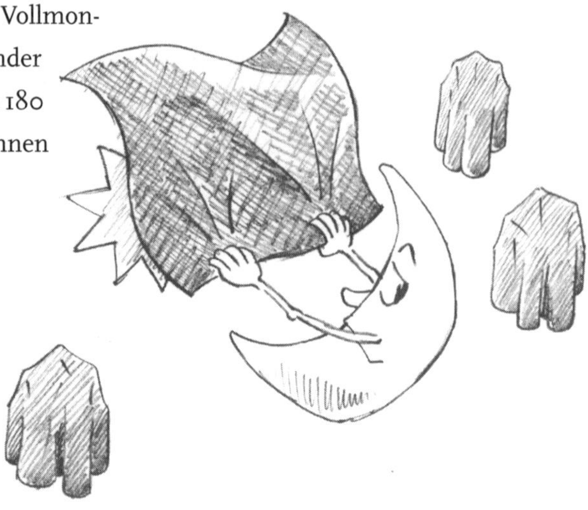

# Das Fernrohr mit der stärksten VERGRÖSSERUNG ist das beste

Viele Hobby-Sternfreunde sind enttäuscht von Kaufhaus-Teleskopen, die sie kauften, weil sie mit besonders hohen Vergrößerungszahlen beworben wurden und dann den hohen Erwartungen nicht entsprachen. Der Grund ist, dass Vergrößern nur ein Zweck von astronomischen Fernrohren ist. Ihre Hauptaufgabe ist es aber vor allem, Licht zu sammeln. Weit entfernte himmlische Objekte sind sehr lichtschwach. Je mehr Licht daher ein Teleskop einsammelt, desto tiefer kann es ins All schauen. Es kommt also darauf an, möglichst viele der spärlich hereintröpfelnden Photonen (Lichtteilchen) einzufangen.

Die Astronomen tun das auf zwei Arten. Zum einen nutzen sie die Fotografie. Während unser Auge nur die gerade auf die Netzhaut fallenden Photonen wahrnimmt, kann eine Fotoplatte sie über Stunden hinweg sammeln. Heute sind die Fotoplatten allerdings meist durch extrem lichtempfindliche elektronische Chips (CCD) ersetzt. Und außerdem fangen sie Lichtteilchen auf einer möglichst großen Fläche ein. Fernrohre sind im Grunde Sammeltrichter für Photonen: Je größer ihre Öffnung, desto mehr erwischen sie. Linsenfernrohre besitzen dafür eine Objektivlinse, während bei Spiegelteleskopen ein Hohlspiegel dem gleichen Zweck dient. Das eingefangene Licht wird dann mit weiteren Spiegeln oder Linsen gebündelt und fällt schließlich konzentriert ins Auge des Beobachters oder – bei großen Fernrohren praktisch nur noch – auf einen lichtempfindlichen Chip.

Vergrößern kann man mit jedem Fernrohr rechnerisch im Prinzip beliebig hoch, die maximal sinnvolle Vergrößerung eines Fernrohrs ist jedoch ebenfalls abhängig von der Objektivgröße, was aber meistens verschwiegen wird.

## Der VOLLmond ist am Horizont besonders groß

Ein warmer Sommerabend. Langsam geht das Himmelsblau in Dunkelviolett über, während sich riesengroß und rötlich ein gewaltiger Vollmond über dem Horizont erhebt. Schaut man dann um Mitternacht nochmals hin, steht er hoch oben im Zenit – als kleiner bläulicher Ball. Seit über 2000 Jahren rätseln die Astronomen über diese Erscheinung: Wieso ändert der Mond (und auch die Sonne) beim Hinaufklettern am Himmel seine Größe?

Doch tut er das wirklich? Halten Sie mal eine am ausgestreckten Arm gehaltene Erbse vor den Vollmond. Erste Überraschung: Die kleine Erbse reicht, den scheinbar so riesigen Vollmond abzudecken. Zweite Überraschung: Verglichen mit der Erbse ist er am Horizont und im Zenit gleich groß.

Die „Mondtäuschung“ ist also gar kein astronomisches, sondern ein psychologisches Phänomen. Freilich kann auch kein Psychologe bisher genau erklären, wie sie zustande kommt. Man hat überlegt, ob es daran liegt, dass man nahe am Horizont Bäume oder Häuser als Größenvergleich hat. Aber die Sinnestäuschung verliert sich auch, wenn man den Mond kopfüber zwischen den Beinen hindurch betrachtet.

Auf jeden Fall ist unser Gehirn an dieser Täuschung beteiligt. Eine Kamera dagegen lässt sich nicht übertölpeln. Sonne wie Mond erscheinen auf einem mit Normalobjektiv geschossenen Foto vergleichsweise winzig klein – und zwar gleich klein, an welcher Stelle des Himmels sie sich auch befinden.

Wir können uns dieser Halluzination nicht erwehren. Sie ist ähnlich tief in uns verankert wie der Schwindel, der uns an einem Abgrund befällt. Obwohl Sie jetzt wissen, dass der vergrößerte Mond nur ein Trugbild ist, werden Sie ihn beim nächsten Mal wieder zu groß sehen – wetten?

## Am besten kann man den Mond bei VOLLmond beobachten

Mit bloßem Auge sieht man ihn dann tatsächlich am besten. Will man jedoch mit Feldstecher oder Fernrohr auf dem Mond „spazieren gehen“, ist die Vollmondphase weniger gut geeignet. Denn dann brennt dort oben die Sonne fast senkrecht vom schwarzen Mondhimmel, und die Berge werfen kaum Schatten. Gerade der Kontrast zwischen tiefschwarzen Schatten und hellen Gebieten hebt aber viele Einzelheiten besonders deutlich hervor.

Mondkrater, Berge und Täler erscheinen nahe des „Terminators“, der Lichtschattengrenze, viel plastischer. Dann steht für sie nämlich die Sonne nahe dem Horizont und wirft besonders lange Schatten.

Ein Fernrohrblick zum Vollmond lohnt sich allerdings trotzdem: Die leuchtenden Strahlen, die von manchen Kratern ausgehen und sich Hunderte Kilometer weit über die Oberfläche ziehen, kommen dann besonders gut heraus. Sie bestehen vermutlich aus hellerem Gestein als die restliche Mondoberfläche, das beim Einschlag des entsprechenden Meteoriten ausgeworfen wurde. Besonders schöne Strahlensysteme besitzen „Tycho“, dessen Strahlen über die gesamte Mondscheibe reichen, „Copernicus“ mit seinem schönen Ringgebirge, sein kleinerer Nachbarkrater „Kepler“ und der 40 Kilometer große „Aristarch“ – er gilt als hellster Krater des Mondes.

## Nahe der Sonne kreist der Planet VULKAN

In der Raumschiff-Enterprise-Serie ist der Planet Vulkan die Heimatwelt des spitzohrigen Mr. Spock. In der Star-Trek-Welt kreist dieser Wüstenplanet allerdings um einen fernen Stern. Aber auch ganz nahe unserer Sonne, so glaubten Astronomen lange Zeit, kreise ein unbekannter Planet. Noch innerhalb der Merkurbahn, weshalb man dieser heißen Welt den Namen Vulkan gab. Zwar hatte niemand diesen Sonnentrabanten je beobachtet. Man schloss aber aus bestimmten Unregelmäßigkeiten der Merkurbahn auf seine Existenz.
Der französische Astronom Urbain Jean Joseph Leverrier (1811–1877) versuchte ab 1859, dem Merkurrätsel rechnerisch auf die Spur zu kommen und aus den merkurischen Bahnstörungen die Position des unbekannten Planeten zu berechnen – doch der flinke Merkur schien unbeeindruckt von Leverriers Rechenkünsten.
Auch Suchaktionen per Fernrohr brachten keine Ergebnisse. Zwar hat die Suche nach lichtschwachen Objekten in unmittelbarer Sonnennähe ihre Tücken, denn leicht kann man wegen ihrer Lichtfülle ein Objekt übersehen. Andererseits richteten so viele professionelle und Amateur-Astronomen ihre Fernrohre auf die Sonne – da musste doch ein Planet irgendwann auffallen. Doch stets stellten sich vermeintliche Sichtungen des „intramerkuriellen Planeten“ als Sonnenflecken oder Beobachtungsfehler heraus. So blieb das Problem jahrzehntelang bestehen.

Es mutet wie ein Treppenwitz der Wissenschaftsgeschichte an, dass schließlich ein Nicht-Astronom das Merkurrätsel löste und den „Vulkan“ quasi per Federstrich erledigte. Mit der klassischen Himmelsmechanik nach Newton, so zeigte sich, ist die Bahnstörung tatsächlich unerklärlich. Aber 1915 zeigte Albert Einstein, dass das Newtonsche Gesetz in Gebieten mit extrem großer Schwerkraft nicht genau

gilt. Seine Allgemeine Relativitätstheorie dagegen, die auch in Bereichen starker Schwerkraft wie der Sonnenumgebung funktioniert, erklärt die Bahnstörung des Merkur zwanglos und zwar exakt mit dem richtigen Wert. Heute gilt diese Lösung des alten Problems sogar als eine glänzende Bestätigung der Relativitätstheorie.
Ein weiterer Treppenwitz: 1949 wurde ein Kleinplanet entdeckt, dessen Umlaufbahn ihn jeweils für einige Tage noch näher an die Sonne führt als Merkur und der daher sinnigerweise den Namen „Icarus“ bekam.

W

## Alle Sterne sind WEISS

Nur auf den ersten Blick ist der Himmel übersät von weißen Lichtpünktchen. Aber gewöhnt man die Augen an die Dunkelheit, entdeckt man durchaus Farbschattierungen. So erinnern etwa Wega im Sternbild Leier, Rigel rechts unten im Orion und Sirius, der hellste Stern des Himmels, an bläulich weiße Diamanten auf schwarzem Samt. Sirius steht in unseren Breiten allerdings immer recht nah am Horizont und funkelt in der unruhigen Luft tieferer Atmosphärenschichten oftmals in allen Regenbogenfarben. Aldebaran im Stier und Antares im Skorpion leuchten dagegen deutlich rot sowie auch Beteigeuze links oben im Orion. Kapella im Fuhrmann wirkt eher gelblich. Fast rein weiß strahlt Deneb, der hellste Stern im Sternbild Schwan.

Freilich sehen wir Farben nur bei den allerhellsten Sternen. Das liegt aber allein an unseren Augen, die bei schwachem Licht ihr Farbsehvermögen verlieren. Auch lichtschwächere Sterne strahlen farbig. In welcher Farbe – das hängt ab von ihrer Oberflächentemperatur.

Wenn man etwa ein Stück Eisen erhitzt, beginnt es ab rund 600 Grad Celsius rötlich zu leuchten. Steigert man die Temperatur, wird es orange, dann gelb, und schließlich strahlt die Eisenschmelze grellweißes Licht aus. Ähnliche Farbveränderungen zeigen auch die Sterne. Bei einer Oberflächentemperatur ab 3000 Grad leuchten sie rötlich, bei etwa 6000 Grad gelblich, bei 8000 Grad weiß, und über 10 000 Grad senden sie bläulich weißes Licht aus. Unsere Sonne mit rund 6000 Grad gehört also zu den gelblich leuchtenden Sternen.

## Das WELTRAUMteleskop ist das größte Fernrohr der Erde

Die Begeisterung, mit der viele Menschen die Astronomie als Liebhaberei betreiben, rührt sicher zum Teil auch von den atemberaubend schönen

Aufnahmen von fernen Spiralnebeln und Gaswolken her. Ihre wahrhaft überirdische Schönheit erschließt sich auch astronomischen Laien. Besonders das *Hubble*-Teleskop in der Umlaufbahn sorgt für immer neuen Nachschub an solchen „Hinguckern". (Falls Sie Lust darauf bekommen haben – unter diesem Link finden Sie eine Auswahl der schönsten Motive: *http://www.seds.org/hst/hst.html.*)
Dennoch ist das *Hubble Space Telescope* (HST), wie es offiziell heißt, keineswegs das größte Fernrohr. Mit einem Durchmesser des Hauptspiegels von 2,4 Metern zählt es sogar zu den kleineren Typen – ein ähnlich großes Instrument wurde auf der Erdoberfläche schon 1917 eingeweiht.
Auf der Erdoberfläche – das ist es gerade. Der Hauptvorteil des HST ist nämlich, dass es außerhalb der Lufthülle kreist. Dunst, Luftunruhe und Störlicht von Straßenlaternen, die Hauptprobleme der erdgebundenen Geräte, können ihm nichts anhaben. Das HST hat daher einen viel klareren Blick in einen viel dunkleren Himmel und kann seine Lichtsammelkraft voll ausschöpfen. So ist es rund zehn Milliarden Mal lichtempfindlicher als das bloße Auge.

## Es gibt eine absolute ZEIT

Ein großer Raum mit Sternen und Galaxien, und darin läuft still und unaufhaltsam die Zeit ab – für alle gleich, ob Mensch, Außerirdischer, Sonne oder Atom: So stellte man sich jahrhundertelang unsere Welt vor.
Doch dann kam Albert Einstein und erklärte: Es gibt keine allgemein verbindliche Zeit. Zeit ist Privatsache jedes einzelnen Objekts im All. Die „Uhr" jedes Objekts läuft rascher oder langsamer, je nachdem wie schnell es sich bewegt und wie stark die Schwerkraft in seiner Umgebung ist. Für ein Atom, das sich mit annähernd Lichtge-

schwindigkeit bewegt, vergeht die Zeit langsamer als für langsamere Atome. Und auch bei Annäherung an das enorme Schwerefeld eines Schwarzen Lochs liefe seine Zeit gemächlicher.

Den gleichen Effekt würde ein Astronaut feststellen, wenn er mit annähernder Lichtgeschwindigkeit durchs All sausen könnte. Erreichte er Lichtgeschwindigkeit, würde die Zeit für ihn sogar still stehen. Ein Photon, ein Lichtteilchen, altert deshalb nicht: Selbst wenn es vom anderen Ende des Universums kommt und nach unserem Maßstab viele Milliarden Jahre unterwegs war, ist für dieses Teilchen keine Zeit zwischen Abflug und Ankunft vergangen.

Deshalb ist das übliche Bild von den verwischten Sternen auch falsch, mit dem Sciencefiction-Filme überlichtschnelle Reisen illustrieren. In Wirklichkeit würde man bei Lichtgeschwindigkeit gar nichts sehen: Weil keine Zeit vergeht, kann auch nichts geschehen, nicht einmal Licht ins Auge fallen.

Freilich gibt es einen wesentlichen Unterschied zwischen Astronaut und Photon: Ein Photon kann sich überhaupt nur mit Lichtgeschwindigkeit bewegen. Anders der Astronaut: Selbst bei immensem Energieverbrauch könnte er sich niemals auch nur annähernd auf Lichtgeschwindigkeit beschleunigen. Auch der Besuch eines Schwarzen Lochs wäre nicht ratsam: Die Schwerkraft würde seinen Körper, ja selbst dessen Atome in Stücke reißen.

## Die Sonne ZIEHT die Erde an

So haben wir es in der Schule gelernt und so deutete Isaac Newton 1687 die Gleichungen über die Bewegung der Planeten, die Johannes Kepler rund 80 Jahre zuvor gefunden hatte. Er stellte sich eine Kraftwirkung vor, die „instantan“, also ohne Verzögerung, zwischen zwei Massen auftritt. Nach seinem Gravitationsgesetz wird diese Kraft-

wirkung umso stärker, je größer die beiden beteiligten Massen sind. Und sie nimmt mit dem Quadrat des Abstandes ab: Bei doppelter Entfernung sinkt die Anziehungskraft auf ein Viertel, bei dreifachem Abstand auf ein Neuntel und so weiter.
Newtons Gravitationsgesetz gilt für kleine Massen auf der Erde, etwa Apfel und Erdkugel oder auch zwei Bleikugeln im Labor. Es gilt aber auch für ferne Planeten und Sonnen, nicht zuletzt bei der Be-

schreibung der Mondbahn und des Laufs der Erde um die Sonne. Das war damals eine Sensation, denn zuvor hatte man zwischen irdischer und himmlischer Welt streng unterschieden: Hier galt die Physik, dort göttlicher Wille.
Für den „physikalischen Hausgebrauch" ist Newtons Vorstellung auch vollkommen ausreichend. Nimmt man es allerdings genau, muss man Albert Einstein zu Rate ziehen. Er zeigte 1915, dass die Newtonsche Formel nur ein Spezialfall seiner Gravitationstheorie ist, der Allgemeinen Relativitätstheorie.

Z

Nach Einstein sind es nicht irgendwelche Fernwirkungen, die die Schwerkraft der Sonne durch einen unveränderten Raum auf die Erde übertragen. Vielmehr krümmt jede Materie den Raum um sich – je näher, desto stärker. Man nennt diese Raumveränderung ein „Gravitationsfeld". Die große Masse der Sonne erzeugt natürlich eine weit stärkere Raumkrümmung als die Erde.

Die Krümmung des Raumes ist normalerweise unsichtbar. Man kann sie sich aber mit Hilfe eines Modells vorstellen. Denken Sie sich die Sonne als große Bleikugel auf einer Gummimatte und die Erde als kleine Stahlkugel. Die Matte soll im Modell den (dreidimensionalen) Raum darstellen. Die Bleikugel beult die Matte kräftig nach unten aus, sie erzeugt eine „Krümmung". Lässt man jetzt die „Erde" mit etwas Schwung über die Matte rollen, so kann man erreichen, dass sie um die „Sonne" kreist. Und zwar nicht wegen einer Anziehungskraft: Die Kugel bewegt sich wegen ihrer Trägheit in der einmal eingeschlagenen Richtung weiter, nur lenkt die Umgebung, nämlich die eingebeulte Matte, sie ab.

Auch die wirkliche Erde fliegt eigentlich geradeaus, wie jeder Körper im All es tun würde. Nur bewegt sie sich eben nicht im freien All, sondern in einem gekrümmten Raum, und der verändert ihren Geradeausflug in eine Bahn um die Sonne herum. Das erweckt den Anschein einer anziehenden Kraft.

Übrigens hat Einstein auch die Vorstellung von der „instantanen" Ausbreitung abgeschafft. Nach seiner (inzwischen vielfach bestätigten) Theorie kann sich nichts schneller als das Licht ausbreiten. Wenn die Sonne daher plötzlich ihre Masse ändern sollte, würde sich die Änderung ihres Gravitationsfeldes „nur" mit Lichtgeschwindigkeit ausbreiten – in Form von „Gravitationswellen". Zurzeit tüfteln mehrere Forschungslabors daran, solche aus dem All zu uns dringenden Schwerkraftschwankungen erstmals nachzuweisen.

# Register

# Impressum

Mit 55 Schwarzweiß-Cartoons von Friedrich Werth, Horb

Umschlaggestaltung von eStudio Calamar, Pau, unter Verwendung einer Illustration von Friedrich Werth, Horb

**Bibliografische Information der Deutschen Bibliothek**
Die Deutsche Bibliothek verzeichnet diese Publikation in der Deutschen Nationalbibliografie. Detaillierte bibliografische Daten sind im Internet über http://dnb.ddb.de abrufbar.



Gedruckt auf chlorfrei gebleichtem Papier


ISBN 3-440-10182-7
Redaktion: Justina Engelmann
Produktion: Johannes Geyer
Printed in the Czech Republic / Imprimé en République Tchèque